技工院校公共基础课程教材

物理

（第七版）

通用类

主　编　代　福

参　编　张　睿　扈　江　刘　丽　吕柳生

中国劳动社会保障出版社

图书在版编目（CIP）数据

物理：通用类 / 代福主编. -- 7 版. -- 北京：中国劳动社会保障出版社，2025. --（技工院校公共基础课程教材）. -- ISBN 978-7-5167-6990-4

Ⅰ. O4

中国国家版本馆 CIP 数据核字第 2025YQ6230 号

物理（第七版）（通用类）

WULI（DI-QI BAN）（TONGYONGLEI）

中国劳动社会保障出版社出版发行

（北京市惠新东街 1 号　邮政编码：100029）

*

三河市华骏印务包装有限公司印刷装订　　新华书店经销

787 毫米 ×1092 毫米　16 开本　10.75 印张　205 千字

2025 年 8 月第 7 版　　2025 年 12 月第 2 次印刷

定价：28.00 元

营销中心电话：400-606-6496

出版社网址：https://www.class.com.cn

https://jg.class.com.cn

前 言

随着我国职业教育的蓬勃发展和制造业的转型升级，技术技能型人才的需求日益迫切。技工院校作为培养高素质技能人才的重要阵地，肩负着为社会输送具有扎实理论基础、精湛实践技能和创新精神的复合型技术人才的重任。物理学作为自然科学的基础学科，是众多工程技术领域的理论支撑，更是学生理解现代技术原理、提升职业核心能力的关键课程。为此，我们立足技工院校人才培养目标，结合机械、电子、汽车、建筑等行业的实际需求，精心编写了这套技工院校物理教材，致力于为学生搭建一座连接基础理论与技术应用的坚实桥梁。

本教材涵盖力学、热学、电磁学、光学和原子物理等内容模块。这些内容严格遵循学生的认知规律，契合技工院校学生的学习特点，同时兼顾物理学的学科逻辑，循序渐进地编排知识体系，旨在帮助学生逐步掌握物理知识，系统提升物理素养，为后续专业课程的学习和职业能力的发展筑牢根基。

教材紧扣“工学结合、能力为本”的职业教育理念，以“服务专业、贴近应用”为导向，突出以下特色：

1. 聚焦职业需求

教材内容选取紧密结合机械、电子、汽车、建筑等专业的核心技能，注重物理知识与行业技术的衔接。例如，力学部分融入车床转速分析，电磁学部分融入静电除尘案例，光学部分融入光纤通信等。

2. 内容结构创新

教材每章均以“学习目标”栏目开篇，帮助学生指明学习方向、明确学习任务。章末设置“融会贯通”，系统梳理本章的重点和难点，并进一步拓展科学素养的提升方向。

每一节设置多样化栏目，形成完整学习闭环。“观察与探究”引导学生从生活生产场景发现物理现象并探究，培育观察力与探究精神；“思考与讨论”以问题驱动深度思考与交流，深化知识理解；“知识拓展”延伸课本内容，拓宽知识视野；“学以致用”立足专业岗位，通过案例强化物理知识的应用能力；“日新月异”融入“课程思政”元素，呈现我国在相关知识领域所取得的重大成就，激发学生爱国热情与民族自豪感。这些栏目既增强了教材的可读性和趣味性，更提升了其高阶性和应用性。

3. 注重科学素养

教材以培育技术人才的“科学内核”为宗旨，将科学素养贯穿于知识构建与实践创新的全过程。知识层面：将物理知识转化为实用工具，例如，通过力学定律优化工程设计，用光学原理改进光纤通信，让课本公式成为解决工程难题的“技术钥匙”；思维层面：以真实工程问题为例（如车床切削速度、特高压输电等）驱动思维升级，引导学生形成“问题抽象→规律应用→创新解决”的工程思维方法；价值观层面：在技术实践中融入责任意识，使物理学习成为职业价值观的成长土壤；实践层面：用真实产业需求定义教学目标，构建“学中做、做中学”的循环，推动学生从“被动操作者”向“主动创造者”的角色跨越，为先进制造业输送兼具理论功底与实战能力的新一代技术人才。

本教材适用于技工院校中级工、高级工阶段的物理教学。教师可根据不同专业课时要求，灵活选择讲授基础内容与拓展内容。学生可通过教材每一节后面的“练习与巩固”以及配套的“学习指导与练习”自主巩固学习效果。

本教材由代福、张睿、扈江、刘丽、吕柳生编写，代福担任主编。教材在编写过程中得到了技工院校一线教师的悉心指导，并参考了国内外先进职业教育成果，在此致以诚挚感谢。限于编者水平，书中难免存在疏漏，恳请广大师生和读者提出宝贵意见，以便不断完善。

编者团队

2025 年 4 月

目　录

第一章

运动和力

走进大自然，我们就走进了运动的世界：飞驰的汽车、奔腾的江水、摇曳的树枝、游弋的鱼儿……“坐地日行八万里，巡天遥看一千河”“卧看满天云不动，不知云与我俱东”这些诗句也揭示了世间万物无时无刻不在运动的真谛。

面对复杂多变的物质运动，我们需要不断拓宽认知的视野，深入探究运动的本质，理解力的奥秘，为未来的探索和实践奠定坚实的基础。

本章我们将一起踏上探索运动和力的旅程，深入了解物体的运动规律，探究运动和力的关系。

学习目标

1. 了解参考系、质点的概念；理解时间和时刻、位移和路程、速度和速率、标量和矢量、加速度等重要概念；掌握匀变速直线运动的基本公式和计算方法；了解自由落体运动是一种特殊的匀变速直线运动；了解匀速圆周运动的基本物理量及其相互之间的关系。

2. 了解重力、弹力、摩擦力的概念；理解静摩擦力的方向及大小变化的特点；了解胡克定律及其公式；理解力的合成与分解，了解力的平行四边形定则；能应用力的合成与分解解决简单的实际问题。

3. 掌握牛顿运动定律，能运用牛顿定律解释生产、生活中的有关现象。

4. 了解万有引力的概念和发现过程；了解万有引力定律的表述和公式；知道天体运动中万有引力提供向心力的原理，能够计算万有引力大小，知道万有引力常量的数量级。

5. 体会质点、匀变速直线运动等物理模型的建构方法及其在物理研究中的作用及意义；发展运动与相互作用的物理观念；了解我国在航天科技领域所取得的伟大成就；发展科技传承、社会责任等物理学科核心素养。

第一节　直线运动

观察与探究

在我们的生活中，运动着的物体随处可见，如公路上飞驰的汽车（图 1–1）、大山间穿梭的列车（图 1–2）以及天空中翱翔的雄鹰（图 1–3）……对于这些物体的运动，我们该如何准确地描述它们呢？

图 1–1　公路上飞驰的汽车

图 1–2　大山间穿梭的列车

图 1–3　天空中翱翔的雄鹰

一、参考系

描述一个物体的运动，总是需要以其他物体作为参考。例如，我们说大山是静止的，行驶的列车是运动的（图 1–2），这是以地面为参考来说的。坐在行驶列车里的乘客，认为自己是静止的，而车窗外的树木在后退，这是以车厢为参考来说的。在描述物体运动时，被选来作为参考的物体，叫作**参考系**。

不指明确定的参考系，运动就无法准确描述。选择的参考系不同，对物体运动的描述也往往不同。例如，一个坐在行驶汽车里的人，若以汽车为参考系，他是静止的；但如果以路边的树木为参考系，他则是运动的。参考系的选择取决于研究问题的需要。通常，研究地面物体的运动时，选地面为参考系；而在研究太阳系中行星的运动时，则以太阳作为参考系。

二、质点

在实际生活中，物体的运动往往比较复杂。例如，汽车在高速公路上行驶时，车身整体向前运动，但车轮同时还在绕轴转动；雄鹰在天空翱翔时（图 1-3），身体在向前运动，但翅膀同时还在上下摆动，可见要准确描述这些物体的运动并不容易。

为了便于研究这类运动，需要简化问题，突出主要因素，忽略次要因素。物理学中，引入了质点的概念。如果物体上各点的运动情况都相同，或者物体的大小和形状对所研究的问题影响很小，我们就可以忽略物体的大小和形状，将其视为一个**只有质量、没有大小的点，这样的点称为质点**。

例如，地球绕太阳公转时，地球上各点的运动情况并不相同，但是，由于地球的直径（约 1.3 万 km）与地球和太阳之间的距离（约 1.5 亿 km）相比小得多，地球上各点绕太阳运动的差异可以忽略不计。因此，在研究地球绕太阳公转时，可以将地球视为一个**只有质量、没有大小的质点**。

质点是物理学中为了研究方便而引入的一种理想化模型。在实际研究中构建理想化模型是解决复杂问题的重要方法。

思考与讨论

请同学们想一想，当一个旋转的乒乓球从球桌的一侧打到另一侧时，在研究乒乓球的哪种运动时，我们可以将乒乓球视为质点呢？

三、时间和时刻

在日常生活中，我们可能有过这样的对话："明天什么时间开班会？""早上 10 点。""大概开多长时间？""30 分钟左右。"这段对话中，两次提到的"时间"含义相同吗？为了更准确地表述，我们需要对时间有更为确切的认识。

时间和时刻是两个不同的概念。**时刻是指某一瞬间**，例如上述对话中的"早上 10 点"。**时间则是指两个时刻之间的间隔**，例如上述对话中的"30 分钟左右"。

为了更加清楚地区分时间和时刻，我们用坐标轴来表示时间。如图 1-4 所示，在坐标轴上，时刻是某个瞬间，对应轴上的点，如 t_1 或 t_2；而时间则是对应两个点之间的线段，大小等于两个时刻之差，即 t_2-t_1。

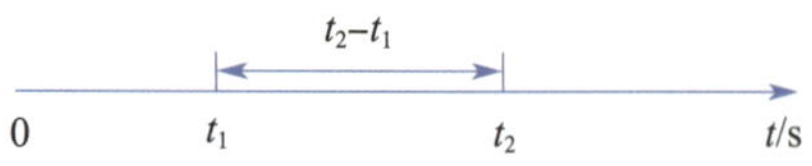

t_2-t_1

0 t_1 t_2 t/s

图 1-4 时间坐标轴

在日常生活中，“时间”一词有时指时刻，有时指时间间隔，我们要根据具体语境来理解它的含义。

四、位移和路程

学生小张家在 A 地，学校在小张家正东方向 1 000 m 的 B 地，如图 1–5 所示。小张上学有两条路线可供选择：一条是 ACB，另一条是 ADB。他选择不同的路线，走过的路程长度不同，但是就位置变动而言，小张总是由初位置 A（家）到达末位置 B（学校）。

为了描述物体位置的变动，我们引入位移的概念。当物体从初位置 A 运动到末位置 B 时，由 A 指向 B 作一条有向线段 AB，这条从初位置指向末位置的有向线段，叫作**位移**。位移既有大小，又有方向。**位移的大小**等于初位置指向末位置的有向线段的长度。方向由初位置指向末位置。**路程**则是质点运动轨迹的长度，只有大小，没有方向。

在图 1–5 中，小张从 A 地到达 B 地，位移大小是线段 AB 的长度，方向由 A 指向 B。当他沿 ACB 路线运动时，路程就是线段 AC 和 CB 的长度之和。当他沿 ADB 路线运动时，路程就是线段 AD 和 DB 的长度之和。

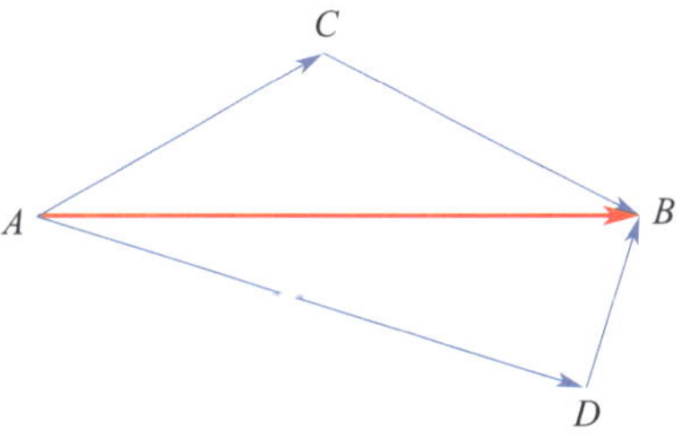

图 1–5　小张上学路线图

知识拓展

在物理学中，既有大小，又有方向的量叫矢量，如位移；只有大小，没有方向的量叫标量，如路程。你还能举出哪些物理量是矢量，哪些物理量是标量吗？

五、速度和速率

由图 1–6 可以看出，不同物体的运动，其快慢程度并不相同，有时甚至相差很大。为了描述物体运动的快慢，我们引入了速度的概念。

a）

b）

c）

图 1–6　不同物体的运动

物体的位移与发生这段位移所用时间的比值，叫作速度，用符号 v 来表示。如果用 Δx 表示位移，Δt 表示发生这段位移所用的时间，则有

$$v=\frac{\Delta x}{\Delta t}$$

在国际单位制中，速度的单位是米每秒，符号是 m/s。常用单位还有千米每小时（km/h）、厘米每秒（cm/s）等。

速度的物理意义是表征物体运动的快慢。速度是一个矢量，它既有大小，又有方向。速度的大小在数值上等于物体在单位时间内通过的位移的大小，速度的方向与物体运动的方向相同。

一般来说，在某一段时间 Δt 内，物体的运动快慢是变化的。所以，**由 $v=\frac{\Delta x}{\Delta t}$ 求得的速度 v 表示的是物体在 Δt 时间内运动的平均快慢程度，叫作平均速度。**

为了更精确地描述物体在某一瞬间的运动快慢，我们引入瞬时速度的概念。设想用由时刻 t 开始的到 $t+\Delta t$ 一小段时间内的平均速度来代替物体在时刻 t 的速度。如果 Δt 取得足够小，物体在 Δt 这样小的时间内，运动快慢的差异性不明显，并且 Δt 越小，

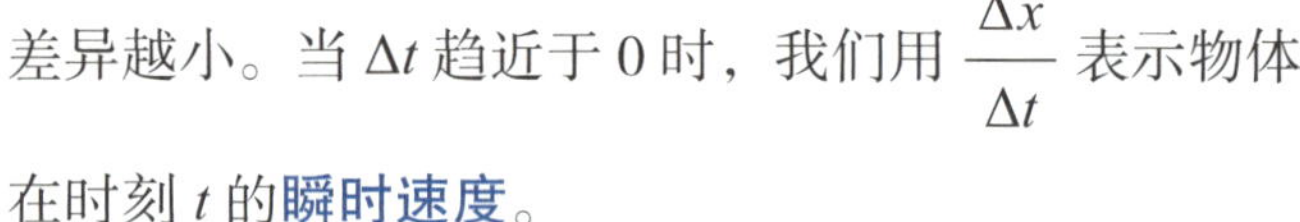

差异越小。当 Δt 趋近于 0 时，我们用 $\frac{\Delta x}{\Delta t}$ 表示物体在时刻 t 的**瞬时速度**。

瞬时速度的大小通常叫速率。例如，汽车速度计（图 1-7）显示的是某时刻汽车速度的大小，即汽车的速率。

图 1-7　汽车速度计

六、匀变速直线运动

1. 加速度的概念

一列火车启动时，它的速度在 1 min 内从 0 增加到 30 m/s；一架飞机起飞时（图 1-8），它的速度在 4 s 内从 0 增加到 20 m/s。谁的速度改变得更快一些？

图 1-8　飞机起飞

为了便于比较，我们选择单位时间（1 s）来比较两个物体速度改变的大小。火车在 1 s 内速度的变化

量为 $\frac{30-0}{60}$ m/s^2=0.5 m/s^2，飞机在 1 s 内速度的变化量为 $\frac{20-0}{4}$ m/s^2=5 m/s^2，显然，在相等的时间内，飞机速度变化量更大，说明飞机速度变化得更快。

为了描述物体速度改变的快慢，我们引入加速度的概念。

加速度是速度的变化量 Δv 与发生这一变化所用时间 t 的比值。如果用 v_0 表示初始时刻的速度，v_t 表示经过一段时间 t 后的末速度，用 a 表示加速度，则

$$a=\frac{\Delta v}{t}=\frac{v_t-v_0}{t}$$

在国际单位制中，加速度的单位是米每二次方秒，符号是 m/s^2。

思考与讨论

小黄同学认为："由加速度公式 $a=\frac{v_t-v_0}{t}$ 可以看出，物体运动的速度越大，加速度就越大，或者说物体运动的速度改变越大，加速度就越大。"你觉得小黄的说法正确吗？你是怎样理解速度与加速度之间的关系的？谈谈你的看法，并说明理由。

学以致用

汽车百千米加速时间是一个衡量汽车加速性能的重要指标，它是指车辆从静止状态加速到 100 km/h 所需的时间。某款新能源电动汽车的最快百千米加速时间为 3.5 s，而另一款燃油车百千米加速时间为 7.1 s。很明显，与燃油车相比，该款新能源电动汽车的加速度更大，具有更卓越的加速性能。

2. 加速度的方向

在研究直线运动时，我们通常规定初速度的方向为正方向。当加速度方向与初速度方向一致时，加速度是正值，物体做加速运动，$v_t>v_0$，如图 1–9 所示；当加速度方向与初速度方向相反时，加速度是负值，物体做减速运动，$v_t<v_0$，如图 1–10 所示。

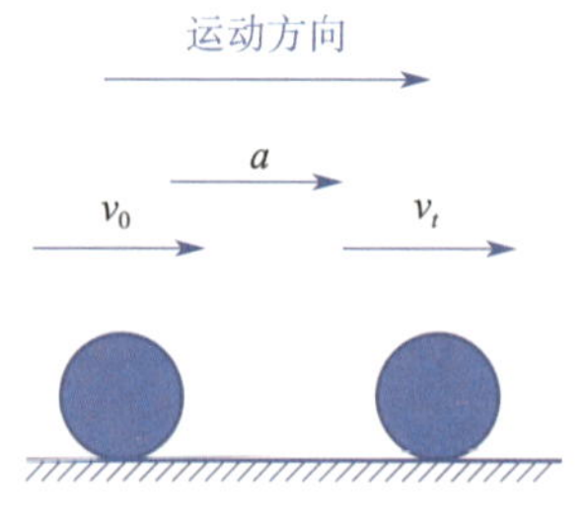

图 1-9　物体加速运动

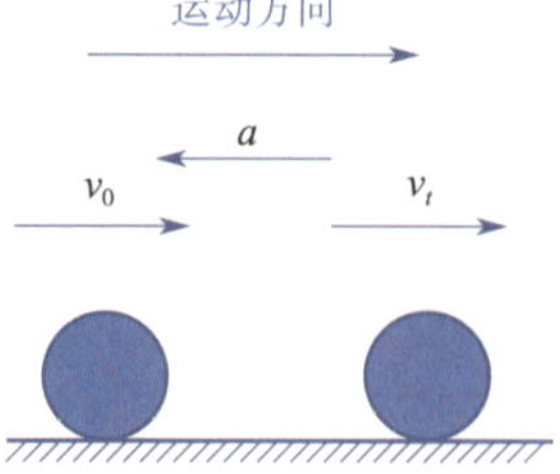

图 1-10　物体减速运动

3. 匀变速直线运动

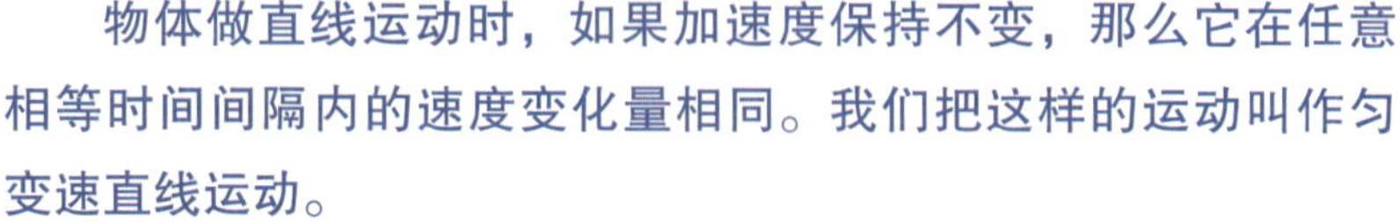

物体做直线运动时，如果加速度保持不变，那么它在任意相等时间间隔内的速度变化量相同。我们把这样的运动叫作匀变速直线运动。

图 1-11　燃放的礼花

例如，成熟的苹果从树上落下，燃放的礼花在升空阶段的运动（图 1-11），火车启动时的运动（图 1-12），炮弹在炮筒里的运动，这些运动都可近似看作匀变速直线运动。

4. 匀变速直线运动的速度时间公式

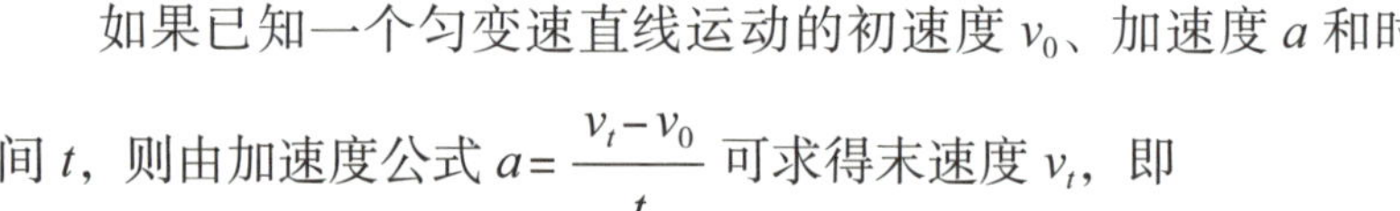

如果已知一个匀变速直线运动的初速度 v_0、加速度 a 和时间 t，则由加速度公式 $a=\frac{v_t-v_0}{t}$ 可求得末速度 v_t，即

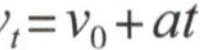

$$v_t=v_0+at$$

图 1-12　火车启动时的运动

匀变速直线运动的速度和时间的关系还可以用图像表示。在坐标系中，用纵轴表示速度，横轴表示时间，速度 - 时间图像（$v-t$ 图像），如图 1-13 所示。当匀变速直线运动是从静止开始的，即初速度 $v_0=0$，上述公式变形为：$v_t=at$，图像如图 1-14 所示。

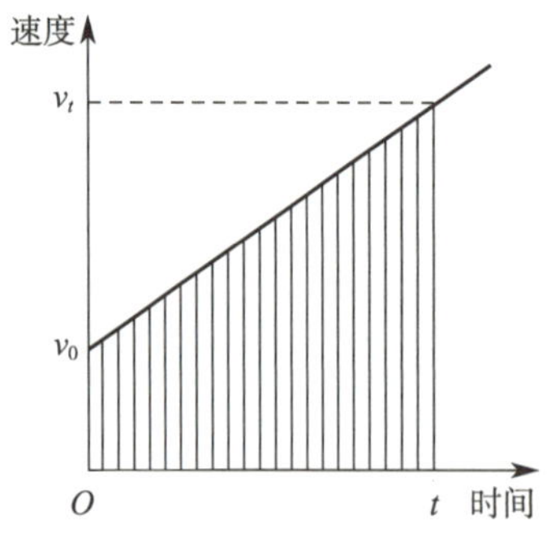

图 1-13　初速度为 v_0 的匀加速直线运动速度 - 时间图

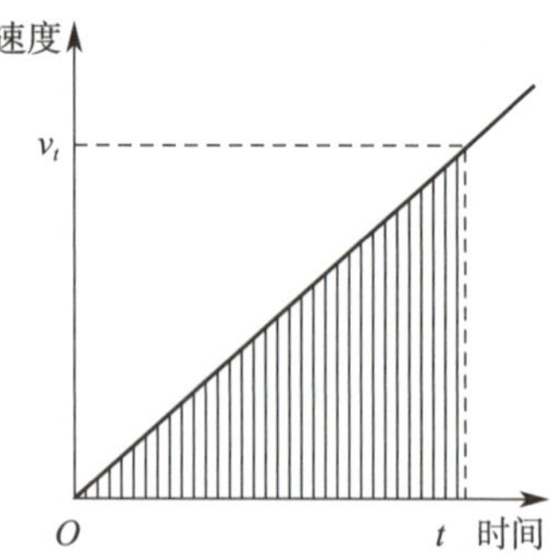

图 1-14　初速度为 0 的匀加速直线运动速度 - 时间图

5. 匀变速直线运动中的位移－时间公式

如图 1–13 所示速度－时间图像与时间轴围成的梯形阴影面积对应着物体在时间 t 内的位移 x。计算梯形面积可得匀变速直线运动的位移公式

$$x=\frac{1}{2}(v_0+v_t)t=v_0t+\frac{1}{2}at^2$$

例题 1

如图 1–15 所示，某时刻，一个小球在水平地面上以 2 m/s 的初速度向右做匀加速直线运动，经过 2 s 后速度达到 4 m/s，求该过程中小球运动的加速度和位移。

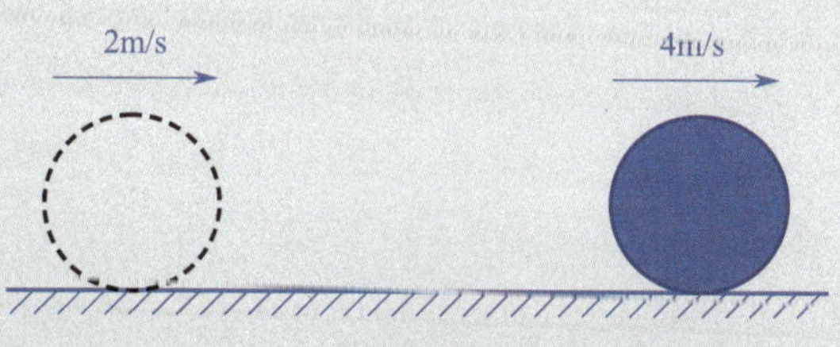

图 1–15　匀加速直线运动示例

解：由题意，我们规定向右为正方向，因此小球运动的初速度为 $v_0=2$ m/s，末速度为 $v_t=4$ m/s，运动时间 $t=2$ s。根据加速度公式得

$$a=\frac{v_t-v_0}{t}=\frac{4-2}{2}\ \text{m/s}^2=1\ \text{m/s}^2$$

加速度为正，表示加速度方向与初速度方向相同。再由匀变速直线运动中的位移－时间公式

$$x=v_0t+\frac{1}{2}at^2$$

可得小球运动的位移为 $x=6$ m，位移为正，表示位移方向与初速度方向相同。

6. 自由落体运动

（1）对落体运动的初步认识

物体从高处下落是生活中的常见现象，例如，枯叶飘落、露珠从树叶上滑落、成熟的苹果从树上下落等。对于这些现象，人们自然会问：物体的下落快慢与它自身的质量大小是否有关系呢？

早在公元前4世纪，古希腊哲学家亚里士多德通过对类似现象的观察得出结论：重的物体比轻的物体下落得快。这一论断在此后近两千年的时间里一直被世人所信奉。直到16世纪末，意大利物理学家伽利略提出了一个佯谬，否定了亚里士多德的这一结论。

知识拓展

伽利略佯谬，也被称作“落体佯谬”。设想这样一个场景：将一块大石头与一块小石头捆绑在一起后让它们同时下落。根据亚里士多德的结论，即重物比轻物下落得更快，原本下落速度较快的大石头会因被下落速度较慢的小石头拖累而减速；相反，小石头则因被大石头牵引而加速。由此推断，两者捆绑后的下落速度应介于大石头和小石头单独下落的速度之间。然而，按亚里士多德的理论，又可得出：捆绑后的石头应比单独任何一块石头下落得都要快。这样，就从亚里士多德“重的物体比轻的物体下落得快”的结论中推出了两个相互矛盾的结论。

事实上，由于没有考虑到空气阻力对物体运动的影响，才导致人们对落体运动产生了类似亚里士多德的片面认识。因此，伽利略做出推断：如果排除空气阻力的影响，轻重物体下落快慢是完全一样的，或者说，在排除空气阻力的影响下，物体下落的速度变化与物体的质量大小无关。

（2）运动性质

物理学中，把物体只在重力作用下由静止开始下落的运动叫作**自由落体运动**。

自由落体运动是一种速度均匀增加的运动。由于物体是从静止开始下落的，因此，自由落体运动是初速度为零的匀加速直线运动，它的加速度称为**重力加速度**，用 g 表示，其大小约为 9.8 m/s^2，方向竖直向下。

自由落体运动要求物体只受重力的作用，因此，只有在没有空气的空间中才能发生。在有空气的空间，物体下落时必然受到空气阻力的影响，如果空气阻力比较小且可以忽略，则物体下落可以近似看作自由落体运动。

（3）速度和位移的计算公式

自由落体运动是初速度为零的匀加速直线运动，因此可以将匀变速直线运动的基本公式应用于自由落体运动。设自由落体运动的位移

为 h、初速度 $v_0=0$、加速度 $a=g$，则自由落体运动的速度、位移与时间的关系式可表示为

$$v_t=gt$$

$$h=\frac{1}{2}gt^2$$

日新月异

中国“北斗”卫星导航系统（图 1–16）是中国自主研制的全球卫星导航系统，是继美国 GPS、俄罗斯 GLONASS 之后的第三个成熟的卫星导航系统。“北斗”卫星导航系统由空间段、地面段和用户段三部分组成，可在全球范围内为各类用户提供全天候、全天时、高精度的定位、导航与授时服务，同时还具备短报文通信服务能力。其定位精度为分米甚至厘米级别，测速精度为 0.2 m/s，授时精度高达 10 ns。

图 1–16　中国“北斗”卫星导航系统示意图

中国“北斗”卫星导航系统的研制是为了满足国家安全和社会经济发展的需要。作为国际上为数不多的投入商业运营的卫星导航系统，随着全球组网的成功，“北斗”卫星导航系统未来的国际化应用前景将会不断扩展。

练习与巩固

1. 下列选项中所描述的速度是平均速度的是（　　）。

A. 某同学百米赛跑的速度约为 8 m/s

B. 运动员百米赛跑冲过终点线时的速度为 12 m/s

C. 汽车速度计指示速度为 80 km/h

D. 子弹离开枪口时的速度为 1 000 m/s

2. 一辆汽车以 10 m/s 的速度在限速 100 km/h 的平直公路上行驶，现以 1 m/s^2 的加速度加速，10 s 后该汽车的速度达到多少？是否超速？

3. 实验人员站在离地高约 9 m 的实验台上，由静止自由释放一个小玻璃球，重力加速度 g 取 9.8 m/s^2，小玻璃球到达地面所需的时间约为（　　）。

A. 1 s　　B. 1.4 s　　C. 2 s　　D. 3 s

4. 起重机吊起一货物的过程中，货物的速度随时间变化的关系如图 1–17 所示，请写出物体在上升运动过程中：

（1）每一阶段分别是什么运动形式？

（2）6 s 内上升的高度是多少？

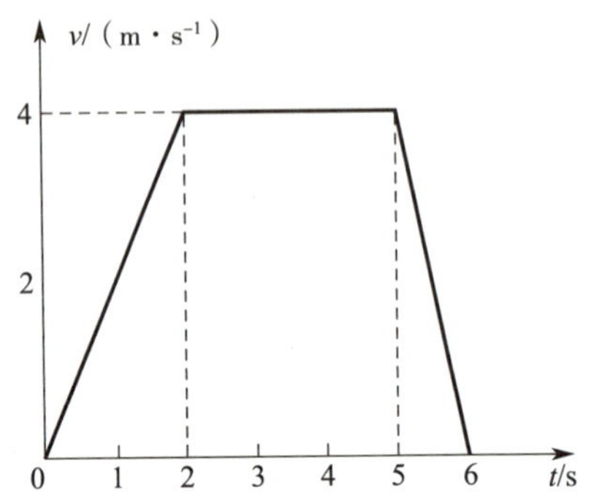

图 1–17　货物的速度随时间变化关系图

第二节　圆周运动

观察与探究

当风力发电机叶片在风力作用下转动，洗衣机滚筒旋转着清洗衣物，地球围绕太阳转动时，它们都在做一种特殊的运动——圆周运动。圆周运动是一种在实际生活中无处不在的运动现象。接下来，就让我们一起来认识一下这种运动。

一、周期运动

我们把事物在运动、变化过程中某些状态规律性重复出现的特征叫作**周期性**，将具有周期性特征的运动叫作**周期运动**。例如，日落日出（图 1-18a）、木马旋转（图 1-18b）、公园里的摩天轮运动等都是周期运动。

a）日落　　b）木马旋转

图 1-18　不同类型的周期运动现象

物理学中，典型的周期运动还有单摆运动（图 1-19）、弹簧振子运动（图 1-20）、匀速圆周运动等。

图 1-19　钟摆的单摆运动

下面，我们以弹簧振子为例，来研究描述周期运动的物理量。

如图 1-20 所示，将一个有孔的小球装在轻质弹簧的一端，弹簧的另一端固定，小球穿在光滑水平杆上能够自由滑动。小球原来静止的位置叫作**平衡位置**（图中的 O 点）。当我们把小球从平衡位置向右拉伸并释放后，小球会在平衡位置附近往复运动，这种运动称为振动，这样的系统称为**弹簧振子**。

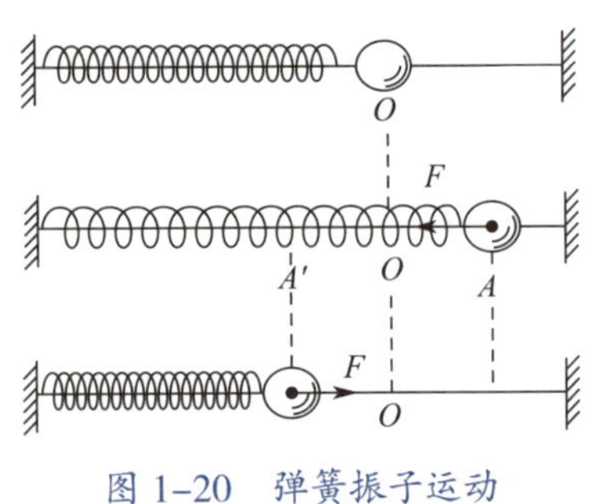

图 1-20　弹簧振子运动

弹簧振子的运动是一种典型的周期性运动。如果从振子向右运动且恰好通过 O 点的时刻开始计时，经过 $T/4$ 时间，它将向右运动到 A 点；再经过 $T/4$ 时间，它将向左运动回到 O 点；接着经过 $T/4$ 时间，振子继续向左运动到达 A' 点；最后再经过 $T/4$ 时间，振子向右运动又回到 O 点。这样一个完整的振动过程称为一次**全振动**。无论以哪里作为开始研究的起点，弹簧振子完成一次全振动的时间总是相同的。

物体完成一次全振动所需要的时间 T，叫作振动的**周期**，国际单位制单位是秒，符号是 s；单位时间内完成全振动的次数，叫作振动的**频率**，国际单位制单位是赫兹，符号是 Hz。周期和频率都是表示物体振动快慢的物理量。用 f 表示频率，周期与频率的关系表示为

$$f=\frac{1}{T}$$

周期越小，频率越大，表示振动越快。周期越大，频率越小，表示振动越慢。

学以致用

潮汐现象是地球、月球和太阳之间引力相互作用的结果，呈现出周期性的海水涨落规律。在海岸边，我们可以观察到潮汐涨落的周期一般为 12 h，而最大潮和最小潮的周期则大约为半个月。潮汐现象具有重要的应用价值。潮汐能是一种清洁且可再生的能源，人们通过建立潮汐发电站，将潮汐的涨落能量转化为电能。此外，渔民也会根据潮汐的周期性变化规律，来合理安排捕捞活动，从而提高捕捞效率。

二、匀速圆周运动

1. 匀速圆周运动的概念

物体做圆周运动时，如果在任意相等的时间内通过的弧长相等，那么物体的运动就是匀速圆周运动。例如，电风扇稳定工作时叶片上的任意点的运动（图 1-21），钟表秒针上的任意点的运动，在预定轨道上的人造地球卫星的运动（图 1-22），这些都可以近似地看作匀速圆周运动。

图 1-21　电风扇叶片的转动

2. 匀速圆周运动的描述

图 1-22　人造地球卫星的运动

物体做匀速圆周运动一周的时间叫作匀速圆周运动的**周期**，用符号 T 表示。单位时间物体转过的周数叫作**频率**，一般用符号 f 表示。同样有

$$f=\frac{1}{T}$$

物体做匀速圆周运动的快慢可以用圆周上任一点的**线速度 $\boldsymbol{v}$** 来描述。v 的大小等于物体走过的弧长 S 与所用时间 t 的比值，即

$$v=\frac{S}{t}$$

式中，S 的单位是 m，t 的单位是 s。物体做匀速圆周运动时，线速度、周期、频率的大小均保持不变。如果物体沿半径为 r 的圆转动一周，则转过的弧长 $S=2\pi r$，经过的时间 $t=T$，则

$$v=\frac{2\pi r}{T}$$

物体做匀速圆周运动的快慢也可以用**角速度 $\boldsymbol{\omega}$** 来描述。ω 的大小等于物体转过的角度 θ 与所用时间 t 的比值即

$$\omega=\frac{\theta}{t}$$

式中，θ 的单位是弧度，符号为 rad，ω 的单位是弧度每秒，符号是 rad/s。如果物体转动一周，则转过的角度 $\theta=2\pi$，经过的时间 $t=T$，则角速度可以表示为

$$\omega=\frac{2\pi}{T}=2\pi f$$

由式 $v=\frac{2\pi r}{T}$ 及 $\omega=\frac{2\pi}{T}$ 可得线速度与角速度之间的关系为

$$v=\omega r$$

知识拓展

工程中，常用**转速** n 来表示物体做圆周运动的快慢，n 的单位为 r/min（转每分），表示物体每分钟转过的圆周数。例如，$n=500$ r/min 表示物体每分钟转过

500 圈。

转速 n 与角速度 ω 之间的关系为 $\omega=\frac{2\pi n}{60}=\frac{\pi n}{30}$ 或者 $n=\frac{30\omega}{\pi}$。

思考与讨论

在机床加工过程中，切削速度是一个非常重要的参数，它直接影响到加工质量和效率，这里的切削速度就是上文所讲的线速度。请问在已知转速（工件转速）和切削半径的情况下，该如何求解工件的切削速度？

例题 2

一台卧式车床，如图 1–23 所示，需要加工一个直径为 90 mm 的铝合金圆棒，已知该机床的主轴转速可调范围为 600 ~ 1 500 r/min。当主轴转速为 1 000 r/min 时，切削速度是多少？

图 1–23　卧式车床

解： 由题意，已知半径 $r=45\ \text{mm}=0.045\ \text{m}$，转速 $n=1\,000\ \text{r/min}=\frac{1\,000}{60}\ \text{r/s}$，已知每转一圈，物体转过的角度为 2π，则角速度

$$\omega=\frac{1\,000\times 2\pi}{60}\ \text{rad/s}$$

再由线速度 $v=\omega r$，代入数据得

$$v=0.045\times\frac{1\,000\times 2\pi}{60}\ \text{m/s}\approx 4.7\ \text{m/s}$$

即当主轴转速为 1 000 r/min 时，切削速度是 4.7 m/s。

日新月异

图 1–24　陀螺

陀螺是中国民间最早的娱乐工具之一，俗称“打老牛”（图 1–24）。当陀螺在高速旋转时，其旋转轴始终保持与地面垂直，展现出高度的稳定性。这一现象的原理是，旋转物体的旋转轴方向在不受外力影响时始终保持不变，即角动量守恒定律。基于这一原理，人们发明了陀螺仪（图 1–25），并利用它来保持方向。

图 1–25　陀螺仪

在航空航天领域，精密陀螺仪是飞行器姿态控制系统的核心组件，它能够提供精确的方位、速度及加速度信号，帮助驾驶员或自动导航仪精准控制飞机、航天飞机等飞行体的航线。现代陀螺仪已发展出激光干涉、光纤传感等多种技术类型。它不仅在航天飞机轨道修正、导弹惯性制导等国防尖端领域发挥着关键作用，在远洋船舶导航、地质勘探装备等民用场景中，同样占据着重要地位。

练习与巩固

1. 正常走动的钟表，其时针和分针都在做匀速圆周运动。下列说法中正确的是（　　）。

A. 时针和分针角速度相同　　B. 分针角速度是时针角速度的 12 倍

C. 时针和分针周期相同　　D. 分针周期是时针周期的 12 倍

2.（多选）图 1–26 所示为一带传动装置，右轮的半径为 r，a 是它边缘上的一点。左侧是一轮轴，大轮的半径为 $4r$，小轮的半径为 $2r$，b 点在小轮上，到小轮中心的距离为 r。c 点和 d 点分别位于小轮和大轮的边缘上。若在传动过程中，带不打滑，则（　　）。

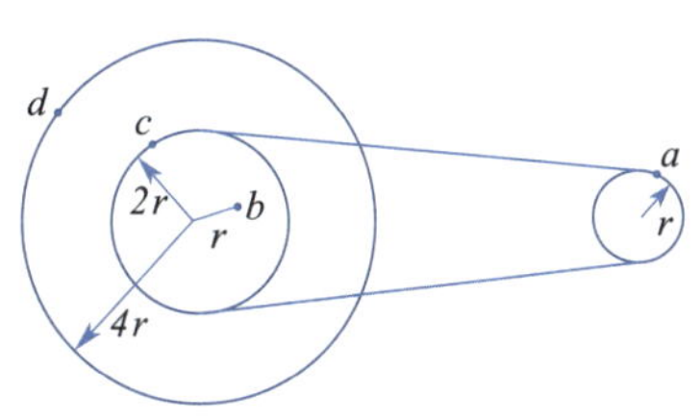

图 1–26　带传动装置

A. a 点与 b 点的线速度大小相等　　B. a 点与 b 点的角速度大小相等

C. a 点与 c 点的线速度大小相等　　D. b 点与 d 点的角速度大小相等

第三节　重力　弹力　摩擦力

观察与探究

在我们的日常生活中力无处不在。树叶从树上飘落、篮球落到地面后反弹、使用铅笔在纸张上书写，这些现象都是因为有力的存在，我们已经知道，力是物体之间的相互作用，那你知道常见的力有哪些类型吗？它们各自有什么特点？

一、重力

图 1–27　苹果落地

熟透的苹果（图 1–27）会从树上掉落，人跳起来会落回地面，这是因为受到了重力的作用，你知道重力是怎么产生的吗？

地球上一切物体都会受到地球的吸引，**我们把物体由于地球吸引而受到的力叫作重力**，用符号 G 表示。物体所受的重力 G 与物体质量 m 的关系为

$$G=mg$$

式中，g 为重力加速度，一般取 $g=9.8\ \mathrm{m/s^2}$。

一个物体的每一部分都受到重力的作用，从作用效果上看，可以认为物体各部分受到的重力作用集中于一点，这一点称为物体的**重心**。

对于质量分布均匀、形状规则的物体，重心位于物体的几何中心上。例如，均匀细铁棒的重心在棒的中点，均匀球体的重心在球心，均匀圆柱体的重心在轴线的中点（图 1–28）。

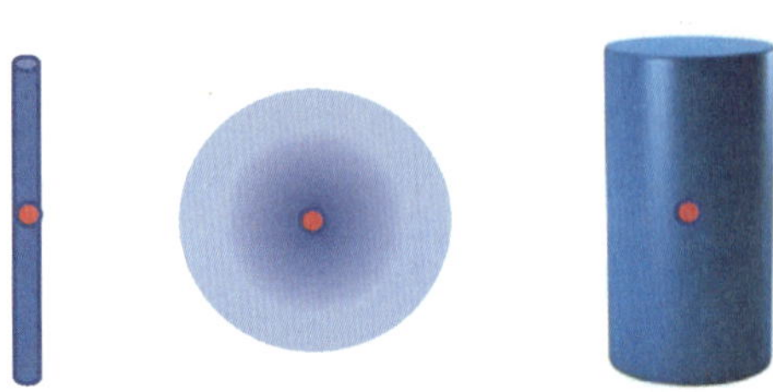
图 1–28　图中圆点为物体的重心位置

对于质量分布不均匀的物体，其重心的位置则取决于物体的具体形状和物体内质量的分布。例如，一个装有水的水桶，当水位线的高度不同时，其重心的位置也不同。

如图 1–29 所示，物体所受的重力可用力的图示来表示，将重力的作用点画在重心上，用竖直向下的有向线段表示重力，有向线段的长度表示力的大小，箭头表示力的方向。在图 1–29 中，推车所受重力为 1 000 N，方向竖直向下。

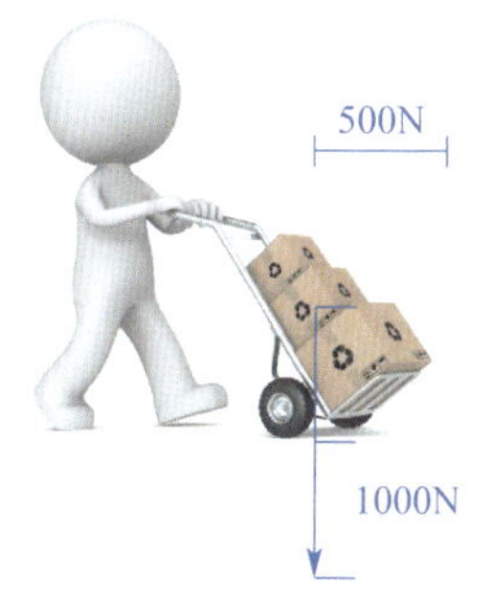

图 1–29　推车的重力图示

思考与讨论

2024 年正月十五元宵节，中国载人航天工程办公室发布了一则消息：经公开征集评选，新一代载人飞船被命名为“梦舟”，而月面着陆器被命名为“揽月”。目前，中国载人月球探测工程登月阶段任务已全面启动，计划先期开展无人登月飞行，并计划于 2030 年前实现载人登陆月球。

请同学们查询资料，了解一下月球表面重力加速度的大小，并思考为什么在地球上费力才能搬起的物体，到了月球上却能轻而易举地搬动？

二、弹力

实践证明，任何物体即使受到很小的力，也会发生形变。发生形变的物体，要恢复原状，则会对与它接触的物体产生力的作用，这种力称为**弹力**。

生活中常见的弹力主要有压力、支持力和拉力。如图 1–30a 所示，将一本书放在桌面上，书本由于重力的作用与桌面发生挤压，会发生形变，为了恢复原状，书本会对桌面产生一个向下的弹力，这个力就是**压力**。与此同时，桌面由于受到书本的重力作用，会发生向下的形变，为了恢复原状，桌面对书本产生一个向上的弹力，这个力就是**支持力**。细绳下方悬挂有电灯（图 1–30b），由于细绳发生了向下的形变，为了恢复原状，细绳对电灯产生一个向上的弹力，这个力就是拉力。

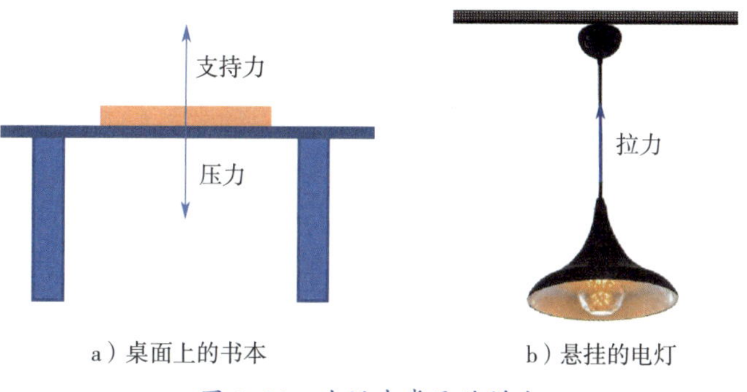

a）桌面上的书本　　b）悬挂的电灯

图 1–30　生活中常见的弹力

由此可见，弹力的方向始终与

物体形变的方向相反。

弹力的大小与形变程度有关：形变越大，弹力就越大；形变消失，弹力也随之消失。在物体发生形变后，如果撤去作用力能够恢复原状，这种形变叫作**弹性形变**。如果形变过大，超过一定的限度，撤去作用力后物体不能完全恢复原来的形状，这种限度叫作**弹性限度**。弹簧在形变时产生的弹力与弹簧的形变量有什么关系呢？英国科学家胡克经过研究发现，在弹性限度内，弹簧发生弹性形变时，弹力 F 的大小与弹簧伸长（或缩短）的长度 x 成正比，即

$$F=kx$$

这个规律叫作**胡克定律**。式中，弹力 F 的单位是牛（N），弹簧伸长（或缩短）的长度 x 的单位是米（m），k 为弹簧的劲度系数，单位是牛每米（N/m）。生活中说有的弹簧“硬”，有的弹簧“软”，指的就是它们的劲度系数不同。

知识拓展

在实际应用中，弹簧可以串联或并联使用，其劲度系数会发生变化。

1. 弹簧并联

两根弹簧并联时，比单独一根更难拉动，即并联后弹簧变得更“硬”。对于两根等长且劲度系数分别为 k_1 和 k_2 的弹簧，并联后新弹簧的劲度系数是两者之和：

$$k=k_1+k_2$$

2. 弹簧串联

两根弹簧串联时，比单独一根更容易拉动，即串联后弹簧变得更“软”。对于两根等长且劲度系数分别为 k_1 和 k_2 的弹簧，串联后新弹簧的劲度系数 k 满足公式：

$$1/k=1/k_1+1/k_2$$

三、摩擦力

摩擦是一种常见的现象。两个相互接触的物体，当它们发生相对运动或具有相对运动趋势时，就会在它们的接触面上产生一种阻碍相对运动或相对运动趋势的力，这种力叫作**摩擦力**。

1. 静摩擦力

如图 1-31 所示，人用力推箱子，虽然箱子相对于地面有向前运动的趋势，但箱子并没有动。这说明在箱子与地面之间产生了阻碍箱

子向前运动的摩擦力，且摩擦力和推力大小相等、方向相反，因此箱子保持静止。我们把这时箱子与地面之间产生的摩擦力叫作**静摩擦力**。

图 1-31　人用力推箱子

静摩擦力的方向总是沿着接触面，并且**与物体相对运动趋势方向相反**。

当人不断增大推力时，箱子依然不动，说明箱子所受的静摩擦力随着推力的增大而增大。但是静摩擦力的增大是有限度的，当箱子即将开始运动时，箱子所受的静摩擦力达到了最大值，叫作**最大静摩擦力**，用 f_{max} 表示。静摩擦力的大小介于 0 和最大静摩擦力 f_{max} 之间。

2. 滑动摩擦力

当一个物体在另一个物体的表面上滑动时，所产生的阻碍相对运动的摩擦力叫作**滑动摩擦力**。**滑动摩擦力方向**总是沿着接触面，并且**与物体的相对滑动方向相反**（图 1-32）。

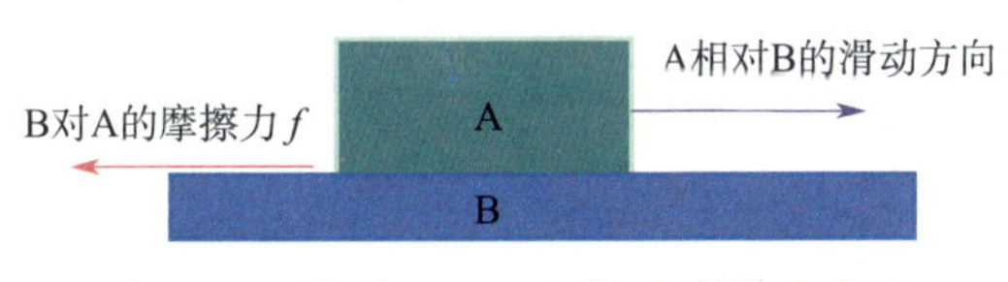

图 1-32　物体 A、B 之间的摩擦力方向

实验表明，滑动摩擦力的大小与接触面间的压力大小成正比，如果用 f 表示滑动摩擦力，用 N 表示压力，则有

$$f=\mu N$$

式中，μ 是动摩擦因数，没有单位，它的数值与相互接触面的材料及粗糙程度等有关。一般来说，滑动摩擦力比最大静摩擦力略小。

除了滑动摩擦，还有滚动摩擦。在相同接触面下，滚动摩擦力比滑动摩擦力小得多。为了达到省力的效果，在一些机械、电气设备上安装滚轮就是基于这一性质。

学以致用

某同学在学习了胡克定律后，想利用胡克定律来测量课本与桌面间的动摩擦因数，他先用刻度尺测出一条橡皮筋的自然长度为 x_0，然后用该橡皮筋将课本悬挂起来，待课本静止时测出橡皮筋的长度为 x_1，接下来将课本放在水平桌面上并用该橡皮筋沿水平方向缓慢拉动课本，测出此时橡皮筋的长度为 x_2。在整个过程

中，橡皮筋始终处于弹性限度内。由此该同学得出，课本与桌面间的动摩擦因数为

$$\mu=\frac{x_2-x_0}{x_1-x_0}$$

例题 3

如图 1–33 所示，车床底座是用铸铁制成的，铸铁与水平地面之间的动摩擦因数为 0.30。要缓慢移动一台质量为 2.0×10^3 kg 的车床，需要在水平方向上对车床施加多大的拉力？已知重力加速度 $g=9.8\ \text{m/s}^2$，为了省力，应采取什么办法？

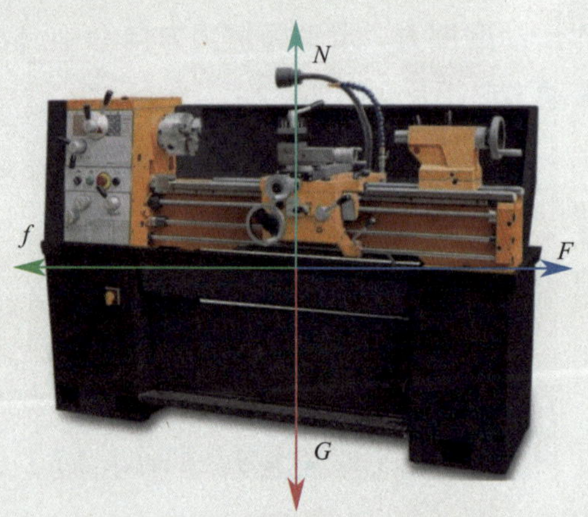

图 1–33　缓慢移动车床时，车床的受力示意图

解： 车床共受到重力（G）、拉力（F）、地面对它的支持力（N）及地面对它的摩擦力（f）四个力的作用，缓慢移动车床，说明车床所受的合外力等于零。则：

在竖直方向上有　$N=G=mg=2.0\times10^3\ \text{kg}\times9.8\ \text{m/s}^2=1.96\times10^4\ \text{N}$

水平方向上有　$F=f=\mu N=0.30\times1.96\times10^4\ \text{N}=5.9\times10^3\ \text{N}$

计算结果说明，移动车床需要很大的力，由于滑动摩擦力大于滚动摩擦力，可以通过变滑动摩擦力为滚动摩擦力来省力。为此，可在车床底座下放置一些原木或圆形钢管，使车床在原木或钢管上滚动前进。这样移动车床就不需要很大的力了。

日新月异

图 1–34　人形机器人抓取鸡蛋

人形机器人抓取鸡蛋（图 1–34）是一项展示人形机器人精细操作能力的任务。为了成功完成这个任务，人形机器人需要具备精确的运动控制和感知能力。

首先，我们需要理解抓鸡蛋这一动作的复杂性。鸡蛋是脆弱且易碎的，因此，在抓取时，人形机器人需要非常精确地控制其手部的力度和稳定性。为了实现这一目标，**压力传感器**发挥了关键作用。**压力传感器是一种能感受压力信号，并能按照一定的规律将压力信号转换成电信号的控制器件或装置。**在人形机器人中，压力传感器被安装在机器人的手部。

当人形机器人开始抓取鸡蛋时，其手部的压力传感器开始工作。传感器会实时检测手部与鸡蛋之间的接触力度，并将这些力度信息转化为电信号，然后传输给机器人的控制系统。控制系统根据接收到的力度信息，精确地调整机器人的手部动作。如果力度过大，控制系统会指示机器人减小手部力度，以避免鸡蛋受到过大的压力而破裂；如果力度过小，控制系统则会指示机器人增加手部力度，以确保鸡蛋被稳定地抓取。

练习与巩固

1. 下列是关于弹力的一些说法，其中正确的是（　　）。

A. 只要两个物体之间有相互接触就一定有弹力产生

B. 物体甲产生的弹力的方向一定指向物体甲

C. 在弹性限度内，若物体发生拉伸形变就一定有弹力产生

D. 物体之间的弹力，在不同的情况下，按效果可以称为拉力、阻力、动力等

2. 如图 1–35 所示，甲和乙中传送带上各有一个物体 M，它随传送带一起做匀速直线运动，不计空气阻力。请在图中画出 M 受力情况的示意图。

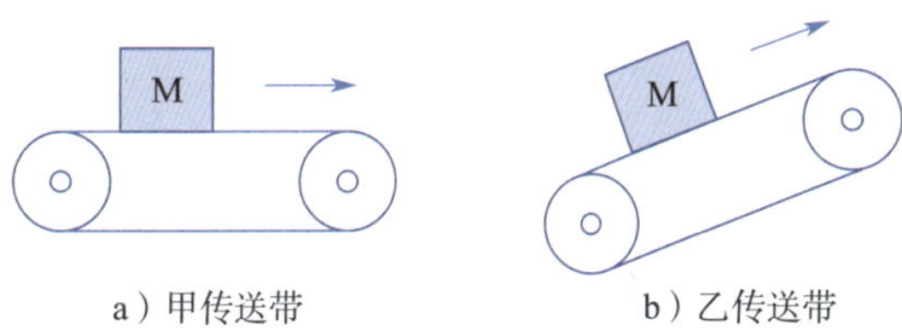

图 1–35　传送带传送物体

第四节　力的合成与分解

观察与探究

一盏灯可以用两种方法来悬挂（图 1–36）。很显然，一根绳和两根绳对电灯产生的作用效果是一样的。那么，一根绳上的拉力 F 与两根绳上的拉力 F_1 和 F_2 之间的关系如何呢？

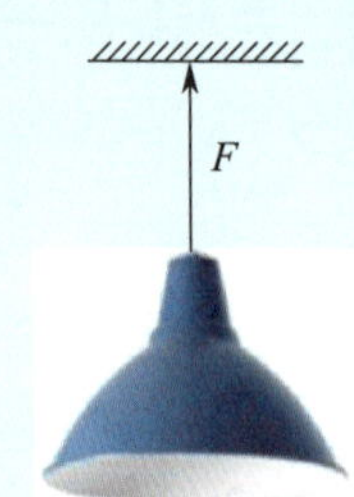

a）一根绳子悬挂电灯的受力情况

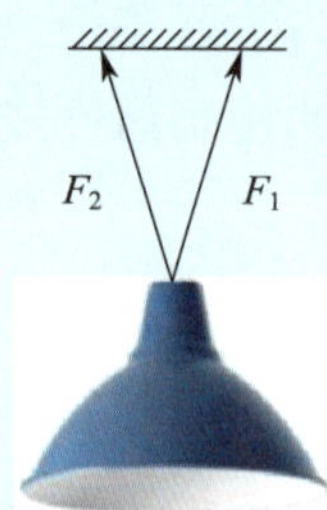

b）两根绳子悬挂电灯的受力情况

图 1–36　绳子悬挂电灯的受力情况

一、力的合成

如果一个力单独作用的效果和某几个力共同作用的效果相同，那么这个力就叫作那几个力的**合力**，那几个力就叫作这个力的**分力**。由几个分力求合力的过程叫作**力的合成**。

大量的实验结果表明，如果以表示共点力 F_1 和 F_2 的线段为邻边作平行四边形，那么这两个邻边之间的对角线就表示合力 F 的大小和方向（图 1–37），**这个规律叫作力的平行四边形定则**。

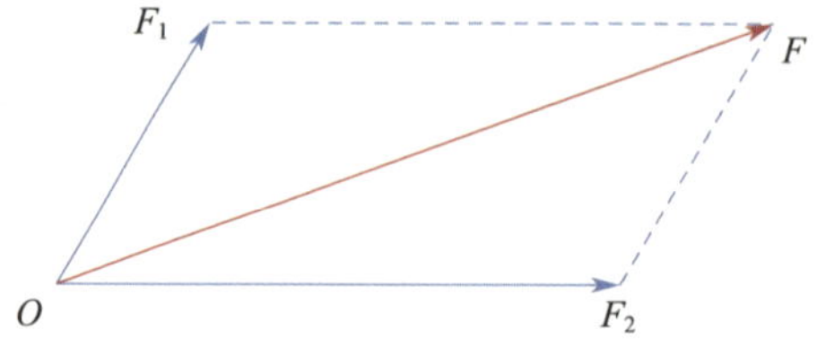

图 1–37　力的平行四边形定则

知识拓展

如果物体同时受到几个力的作用，而它们都作用在一个物体的同一点上，或者它们的作用线相交于同一点，这几个力就叫作**共点力**，如图 1–38 所示。

由力的平行四边形定则可知，两个力方向相同时合力最大，两个力方向相反时合力最小。如果两个力大小相等，这两个力合成时最大值为其中一个力的 2 倍，最小值为 0。

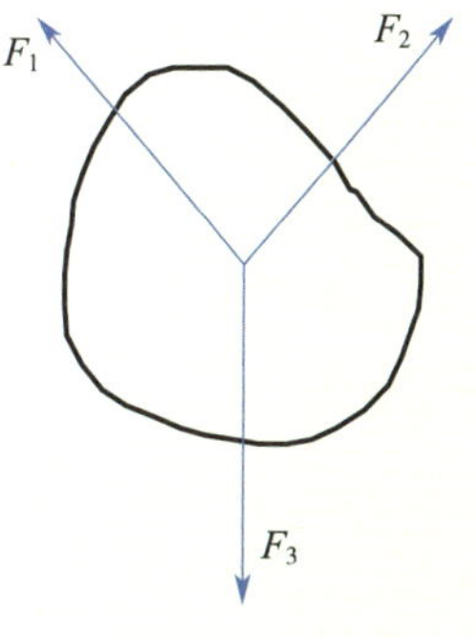

图 1–38 共点力平衡

例题 4

一个热气球在空中飞行，受到空气对它的竖直向上的浮力 $F_1=4.0\times10^3$ N，同时，水平方向上受到风的推力 $F_2=3.0\times10^3$ N，如图 1–39 所示。求空气对热气球的合力。

解： 画出热气球受到空气对它的力 F_1 和 F_2，以这两个力为邻边作出平行四边形，如图 1–40 所示。根据力的图示作出对角线，测量得到对角线长度等于标度的 5 倍，故空气对热气球的合力为 5.0×10^3 N，方向为对角线方向。

图 1–39 热气球受到空气对它的作用力情况

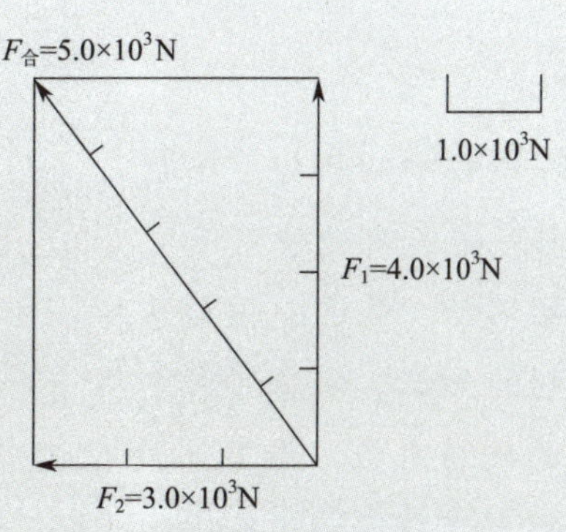

图 1–40 热气球受到空气对它的合力

思考与讨论

物体受到 F_1、F_2、F_3 三个力的作用而平衡。这三个力必须满足什么关系？

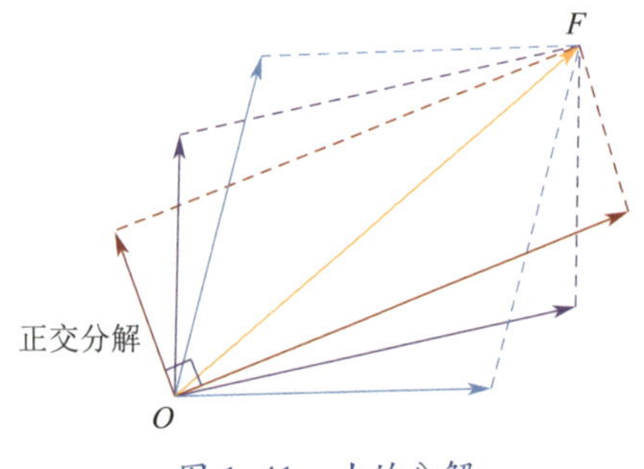

图 1-41　力的分解

图 1-42　重力的分解

二、力的分解

如果几个力共同作用的效果与某个力单独作用的效果相同，那么这几个力就叫作那个力的**分力**。求一个力的分力的过程叫作**力的分解**。

力的分解是力的合成的逆运算，同样遵守平行四边形定则。力的合成结果是唯一的，力的分解却有无数种可能，如图 1-41 所示。为了计算方便我们通常把力分解为互相垂直的两个分力，称为**正交分解**。

如图 1-42 所示，一儿童在滑梯上往下滑，滑梯斜面与水平方向的夹角为 θ，该儿童受到的重力 G 可以分解为沿滑梯斜面向下的分力 F_1 和垂直滑梯斜面向下的分力 F_2。由图中几何关系可知：

$$F_1 = G\sin\theta$$

$$F_2 = G\cos\theta$$

学以致用

小明家中有一个较重的铁柜，小明想要使铁柜向左移一点，可他使足了力气，铁柜就是纹丝不动。最近小明刚学了力的合成与分解的知识，他想到家中刚好有两块相同的硬质木板 A 和 B，于是，他按照图 1-43 的方法将两块木板巧妙地拼接在一起，然后，站在木板的拼接处，结果铁柜被轻松地移动了。

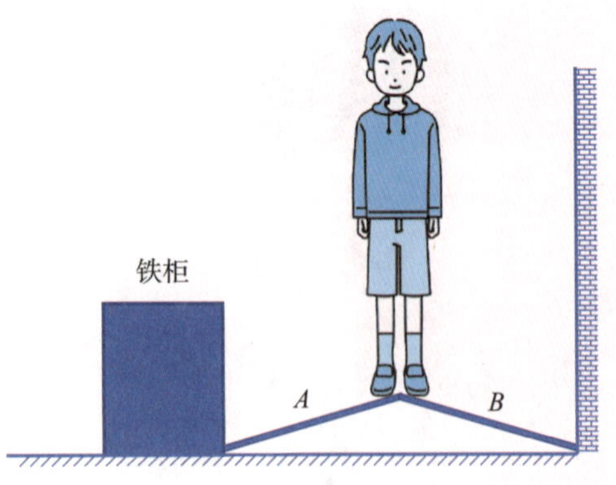

图 1-43　木板 A 对铁柜产生很大的推力

日新月异

工程力学，作为一门将力学原理与数学方法相结合的学科，在道路、桥梁等工程领域的设计与实施中发挥着举足轻重的作用。其中，力的合成与分解是工程力学中的重要内容之一。

力的合成，简而言之，就是将作用在物体上的多个力合并为一个等效力的过程。在桥梁设计中，这一原理常被用来将多个力合成为一个综合力，以便进行系统的分析和计算。一个典型的应用就是对桥梁所承受的荷载进行合成，从而确定桥梁的承载能力。

以悬索桥为例（图 1–44），悬索桥的结构由悬挂于两座索塔上的伸向两端的主拱索和侧拱索构成。在悬索桥的设计过程中，工程师需要考虑各种荷载对桥梁的影响，如桥上行驶的车辆产生的动态荷载、风对桥梁产生的风荷载等。这些荷载可以通过力的合成原理来进行计算和分析，进而确定悬索桥的设计参数，以确保桥梁的安全性和稳定性。

图 1–44　广东省虎门大桥

练习与巩固

1.（多选）关于合力的描述，下列说法中正确的是（　　）。

A. 几个力的合力就是这几个力的代数和

B. 几个力的合力一定大于这几个力中的任何一个力

C. 几个力的合力可能小于这几个力中最小的力

D. 几个力的合力可能大于这几个力中最大的力

E. 几个力的合力一定不大于这几个力的代数和

2. 用两根绳子吊起一重物，使重物保持静止状态，若逐渐增大两绳之间的夹角，则两绳对重物拉力的合力变化情况是（　　）。

A. 不变　　B. 减小　　C. 增大　　D. 无法确定

3.（多选）下列各组共点的三个力中，可能是平衡状态的是（　　）。

A. 3 N、5 N、6 N　　B. 4 N、12 N、2 N

C. 5 N、7 N、4 N　　D. 5 N、9 N、16 N

第五节　牛顿运动定律

观察与探究

乘坐过动车的同学们会观察到以下现象：列车启动后做加速运动，运行一段时间后趋近于匀速运动，而在进站前，列车缓慢减速直至最终停止运动。我们不禁要问，列车运动状态的这一系列变化是什么原因造成的呢？

一、牛顿第一定律

1. 伽利略理想实验

日常生活中，我们经常会认为运动的物体在没有外力作用时就会停止运动。这一观点早在公元前 4 世纪就被古希腊学者亚里士多德提出。

然而，事实并非如此。17 世纪，意大利物理学家伽利略认识到，正是摩擦力的存在对人们的认知产生了误导。为了验证这一点，他精心设计了理想斜面实验，并通过严密的逻辑推理，彻底推翻了亚里士多德的这一错误理论。

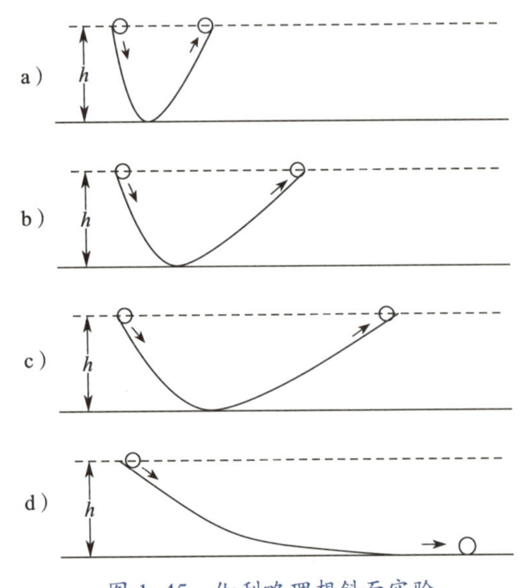

图 1–45　伽利略理想斜面实验

这个理想实验为：将小球沿一个斜面滚下，再滚上另一个斜面。摩擦越小，小球上升的高度就越接近初始高度。由此可以推断：如果没有摩擦，小球将上升至与初始同一高度，如图 1–45a 所示；如果减小第二个斜面的倾角，在没有摩擦的情况下，小球仍将滚到初始高度，但运动的距离更长，如图 1–45b 所示；继续减小第二个斜面的倾角，小球在第二个斜面上运动的距离将会更长，如图 1–45c 所示。由此得出结论：如果将斜面放平，在没有摩擦的情况下，小球再也达不到初始高度，将在水平面上以恒定速度永远运动下去，如图 1–45d 所示。

思考与讨论

理想实验是科学研究的一种重要方法，以可靠的实验事实为基础，对研究对象进行理想化处理，抓住主要因素，忽略次要因素，应用科学的思维和推理，从而揭示自然界深刻的规律。请同学们查询伽利略理想斜面实验的相关材料，体会理想实验在科学研究中的重要性。

2. 牛顿第一定律

一切物体总保持匀速直线运动状态或静止状态，直到有外力迫使它改变这种状态为止。这就是**牛顿第一定律**。也就是说，物体有保持匀速直线运动或静止状态的性质，这种性质叫作**惯性**，因此牛顿第一定律也叫作**惯性定律**。

3. 惯性

在日常生活中，人们每天都在和惯性打交道，例如，在你奔跑时，脚下被绊，很可能会摔个“嘴啃泥”。这是因为当脚被障碍物绊住的时候，身体由于惯性，还会继续往前冲，从而使身体失去平衡跌倒在地。

惯性是物体的固有属性。惯性的大小只和物体的质量有关。不同质量的物体，惯性是不同的。

牛顿第一定律告诉我们：物体的运动并不需要力来维持，但力能迫使物体的运动状态发生改变。因此，**力是改变物体运动状态的原因。**

学以致用

惯性有时候也“帮助”我们，例如，当木柄铁锤的锤头松了，我们只需将锤柄在地板上敲击几下，锤头便紧紧地套在了木柄上（图 1–46）。

图 1–46　铁锤利用“惯性”套在了木柄上

思考与讨论

在高速行驶的动车上，你向上跳起后为什么仍会落回原地？在等红灯的大客车和小汽车，当绿灯亮起时，为什么小汽车往往启动得更快呢？请利用惯性知识进行解释。

二、牛顿第二定律

1. 力是使物体产生加速度的原因

牛顿第一定律指出，力不是维持物体运动的原因，而是改变物体运动状态的原因，而物体运动状态发生改变时会产生加速度，由此可得出结论：**力是使物体产生加速度的原因。**

当物体所受合外力为零时，物体保持静止或做匀速直线运动状态，加速度为零；当物体受到的合外力不为零时，物体的加速度一定不为零。

2. 加速度和力的关系

实验表明，在质量相同的情况下，物体的加速度和作用在物体上的外力成正比，即 m 一定时，$a \propto F$。例如，在水平地面上拖动同一个的木箱，使木箱在 1 s 内和 10 s 内都由静止加速到 5 m/s，所需要的力是不同的，前者所需的力比后者要大得多。

3. 加速度和质量的关系

实验表明，在相同外力的作用下，物体的加速度与其质量成反比，即 F 一定时，$a \propto \frac{1}{m}$。例如，在同一平面上，用相同的外力推两个轻重不同的物体时，质量较轻的物体会更快地启动，即获得的加速度较大；质量较重物体启动得较慢，即获得的加速度较小。

知识拓展

控制变量法是科学研究中一种常用的实验方法。这种方法是在实验中控制其他所有变量不变，只改变其中一个或几个变量，以此来研究该变量对实验结果的影响。事实上，对于研究加速度、力、质量三者之间关系的实验，设计的精髓在于条件控制的实验过程。请同学们思考还有哪些实验理论的验证用到过控制变量法。

4. 牛顿第二定律

牛顿总结了加速度、力和质量三者之间的关系，指出：**物体的加速度 a 与物体所受的合外力 F 成正比，与物体的质量 m 成反比。这就是牛顿第二定律**。它们之间关系的数学表达式为

$$a=\frac{F}{m} \text{ 或 } F=ma$$

在国际单位制中，质量、加速度、力的单位分别是 kg、m/s^2 和 N。

牛顿第二定律的数学表达式虽然简洁，但是表达的含义却是非常丰富的：

（1）物体的加速度方向与物体所受的合外力方向相同。

（2）物体的加速度与物体所受的合外力是一种瞬时对应关系。物体所受合外力为零时，加速度也为零。

可见，利用牛顿第二定律，我们只要知晓物体的受力情况，就可以预知物体将要发生的运动变化。牛顿第二定律深刻地揭示了力和运动之间的关系。

三、牛顿第三定律

1. 力的作用是相互的

课间，你与同学玩手推手游戏（图 1–47），你对同学施加力的同时，同学也对你施加了力。踢足球时，脚对足球施加了力（图 1–48），我们也感受到足球对脚也施加了力。

图 1–47　手推手游戏

实验表明：**两个物体之间的作用力是相互的**。一个物体对另一个物体施加了力，另一个物体一定同时对这个物体也施加了力。我们把物体间相互作用的这一对力，叫作**作用力和反作用力**。作用力和反作用力总是相互依存、同时存在的，如果把其中一个力叫作**作用力**，那么另一个力就叫作**反作用力**。

2. 牛顿第三定律

研究表明：两个物体之间的作用力和反作用力总是大小相等、方向相反，作用在一条直线上，这就是**牛顿第三定律**。

图 1–48　脚踢足球

日新月异

火箭是人类探索太空的重要工具，火箭的推进原理是基于牛顿第三定律。火箭发动机通过燃烧燃料产生高温高压气体，这些气体从火箭尾部高速喷出。根据牛顿第三定律，气体向下喷出的同时，火箭会受到一个大小相等、方向相反的强大的反作用力，从而推动火箭向上运动（图 1–49）。

图 1–49　火箭升空

练习与巩固

1. 关于惯性，下列说法正确的是（　　）。

A. 静止的物体没有惯性

B. 运动速度越大，物体的惯性越大

C. 加速度越大，物体的惯性就越大

D. 物体的惯性大小只与其质量有关，与其速度和加速度无关

2. 人用手托着苹果处于静止状态，则（　　）。

A. 手所受压力是由于手的弹性形变而产生的

B. 手所受压力和手对苹果的支持力是一对平衡力

C. 苹果所受重力和手对苹果的支持力是一对平衡力

D. 苹果所受重力和苹果对手的压力是作用力和反作用力

3. 如图 1–50 所示，质量 m=5.0 kg 的物体放在光滑水平面上。t=0 时刻，物体在水平拉力 F 作用下由静止开始运动。已知 F=10 N，求：

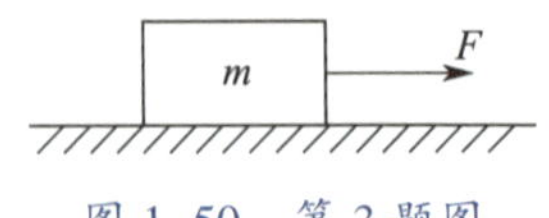

图 1–50　第 3 题图

（1）物体加速度 a 的大小；

（2）t=2.0 s 时物体的速度大小。

第六节　万有引力

观察与探究

在浩瀚的太阳系中，各大行星都围绕着太阳有序运行（图 1–51），太阳如何控制着行星的运动，这一现象背后的原因是什么？又是在什么条件下，行星才有可能摆脱太阳的控制？

图 1–51　行星围绕太阳运行

一、行星与太阳间的引力

行星绕太阳的运动可以近似地看作匀速圆周运动。正是由于太阳对行星有一个指向圆心（太阳）的引力，行星才得以围绕太阳做圆周运动。理论研究表明，太阳对行星的引力与行星的质量成正比，与行星和太阳之间距离的平方成反比。

二、月 – 地检验

地球绕太阳运动，月球绕地球运动，它们之间的作用力是同一性质的力吗？这种力与地球对树上苹果的吸引力是同一性质的力吗？

答案是肯定的，经过科学家反复验证，最终证明：地面物体所受地球的引力、月球所受地球的引力，以及太阳与行星之间的引力，都遵循相同的规律。

三、万有引力定律

既然太阳与行星之间、地球与月球之间，以及地球与地面物体之间都存在这种“与两个物体的质量成正比、与它们之间距离的平方成反比”的吸引力，那么是否任意两个物体之间都存在这样的吸引力

图 1–52　牛顿

呢？事实确实如此，只是由于身边物体的质量比天体的质量小得多，这种引力不易察觉罢了。

1687 年，伟大的物理学家牛顿（图 1–52）在《自然哲学的数学原理》中发表了这一伟大定律：**任意两个物体之间存在相互吸引的力，该引力的方向在它们的连心线方向上，引力大小与它们质量的乘积成正比，与它们距离的平方成反比，与两物体的化学组成和其间介质种类无关**。这就是万有引力定律。如果用 m_1、m_2 表示两个物体的质量，r 表示它们之间的距离，则物体间相互吸引力的大小可以用以下的数学公式表示

$$F=G\frac{m_1m_2}{r^2}$$

其中 G 代表引力常量，其值约为 $6.674\times10^{-11}\ \mathrm{N\cdot m^2/kg^2}$。

思考与讨论

由万有引力公式 $F=G\dfrac{m_1m_2}{r^2}$ 可知，物体间的距离 r 越小，万有引力越大。小明说："我与小雨都挨在一起了，说明我们之间的距离为零，根据万有引力公式，我们之间的万有引力应该无穷大，可是为什么我们还是可以被轻易地分开呢？"你觉得小明的说法正确吗？请说明理由。

学以致用

一个篮球的质量为 0.6 kg，它所受的重力有多大（g 取 10 m/s^2）？试估算操场上相距 0.5 m 的两个篮球之间的万有引力。比较这两个力的大小，你发现了什么？

知识拓展

我们知道，地球和太阳之间存在着较大的万有引力，那么为什么地球没有被太阳吸引过去呢？原因在于地球在绕太阳进行公转。

当一个质量为 m 的物体做匀速圆周运动时，一定需要一个指向圆心的力，这个力我们称为向心力，向心力的大小为

$$F_{向}=m\frac{v^2}{r}$$

其中 v 为物体做圆周运动的线速度，r 为圆周运动半径。向心力是一种效果力，它可以是万有引力，也可以是弹力或摩擦力。

在分析地球绕太阳公转的运动时，我们通常忽略其他行星对地球的影响，将地球绕太阳的运动近似看作匀速圆周运动。太阳对地球的万有引力提供了地球绕太阳做匀速圆周运动所需的向心力。根据万有引力定律和向心力公式，可以得到

$$G\frac{Mm}{r^2}=m\frac{v^2}{r}=m\omega^2r=m\frac{4\pi^2}{T^2}r$$

其中 r 为地球绕太阳运动的轨道半径，M 为太阳质量，m 为地球质量，v 为地球绕太阳运动的线速度，ω 为地球绕太阳运动的角速度，T 为地球绕太阳运动的周期，即 1 年时间。

四、引力常量

牛顿推导出了万有引力与物体质量及它们距离之间的关系，但却无法算出两个天体之间万有引力的大小，因为他不知道引力常量 G 的值。

一百多年以后，英国物理学家卡文迪许通过精心设计的实验，测量出了两个铅球之间的引力，并推算出了引力常量 G 的值。

引力常量是自然界中少数几个最重要的物理常量之一。在对一些物体间的引力进行测量并计算出引力常量 G 以后，人们又进一步测量了多种物体间的引力，所得结果与利用引力常量 G 按万有引力定律计算所得的结果相同。引力常量的普适性为万有引力定律的正确性提供了有力证据。

五、万有引力定律的成就

万有引力定律不仅能够解释已经观测到的事实，更重要的是它能够预言未知的天文现象。例如，利用万有引力定律计算地球的质量、估算其他天体的质量、发现隐藏于宇宙深处的未知天体以及准确预言哈雷彗星的回归等。

日新月异

在星际探测任务中，万有引力定律发挥着重要作用。例如，在探测其他星体时，我们需要利用万有引力定律来计算探测器与目标天体间的引力大小，从而确定探测器的飞行轨迹和速度。这对于探测器能否顺利抵达目标天体并成功完成探测任务至关重要。

我国的探月工程，即“嫦娥工程”（图 1–53），是一项旨在深入探测月球并最终实现人类登月的国家级航天工程。该工程于 2004 年正式启动，并于 2024 年 6 月迎来了“嫦娥六号”任务的圆满成功。“嫦娥六号”任务是中国航天史上迄今为止技术水平最高的月球探测任务，实现了三项重大技术突破，并创下了一项世界第一。具体而言，这三项技术突破分别是月球逆行轨道设计与控制技术、月背智能采样技术、月背起飞上升技术；而一项世界第一是指在世界范围内首次实现了月球背面的自动采样并成功返回，创造了中国航天的世界纪录。

图 1–53　我国月球登陆器

“嫦娥六号”任务的圆满成功，不仅推动了中国航天技术的发展，也为人类探索月球提供了宝贵的数据和经验。

练习与巩固

1. 关于万有引力，下列说法正确的是（　　）。

A. 万有引力只是宇宙中各行星、恒星之间的相互作用力

B. 地球上的物体除了受到地球对它们的万有引力外还受到重力作用

C. 万有引力是宇宙中具有质量的物体间普遍存在的相互作用力

D. 地球对太阳的万有引力小于太阳对地球的万有引力

2. 地球质量约为月球质量的 64 倍。一飞行器处在地球与月球之间，当地球对它的万有引力和月球对它的万有引力大小相等时，飞行器与地球中心的距离是它与月球中心的距离的________倍。

3. 设行星绕恒星运动轨道为圆形，它运动周期的平方与轨道半径的三次方之比 T^2/R^3 为常数，此常数的大小（　　）。

A. 只与恒星质量有关

B. 与恒星质量和行星质量均有关

C. 只与行星质量有关

D. 与行星运动的速度有关

融会贯通

本章主要介绍了直线运动、圆周运动、重力、弹力、摩擦力、力的合成与分解、牛顿运动定律、万有引力等内容。在直线运动部分，重点是掌握将实际物体抽象成质点的条件以及匀变速直线运动相关公式、图像及其变化规律；难点是匀变速直线运动相关公式的理解与应用。圆周运动部分重点是掌握圆周运动周期、角速度、线速度、转速等基本概念及其相互关系。重力、弹力、摩擦力部分，重点是掌握静摩擦力和滑动摩擦力的大小及方向，难点是理解物体相对运动趋势的含义。力的合成和分解部分，重点是掌握力的平行四边形定则，会将力进行正交分解，难点在于按实际需要对力进行分解。牛顿运动定律部分，重点是掌握牛顿三大定律，并能用其解释生产、生活中的有关现象，难点是牛顿第二定律的理解和应用。万有引力部分重点是掌握万有引力定律，能够计算万有引力大小，难点是理解天体做圆周运动时所需的向心力由万有引力提供。

第二章

功和能

能量以多种形态广泛存在于我们的日常生活中，既包括来自自然界的可再生能源，如太阳能、风能、水能等，也包括依赖化石燃料这类不可再生资源的传统能源。为了实现可持续发展，我们必须加大对可再生能源的开发和利用，减少对传统能源的依赖。

在长期的生产实践中，人们逐渐认识到不同形式的能量之间可以相互转化，且能量转化与做功之间存在着紧密的联系。同时，人们也初步构建了机械能的概念，并总结出了变化规律。

本章我们将从功和功率开始，逐步认识动能和势能，并进一步理解机械能守恒定律。

学习目标

1. 理解功的概念，掌握计算功的大小的普遍公式，了解正功与负功的物理意义；理解功率的概念，知道功率与速度的关系，能用公式进行简单计算，并能用其解释生产、生活中的相关现象。

2. 理解动能的概念，知道动能是自然界中最常见的一种能量形式，知道物体的动能与其质量及速度的关系。理解动能定理，知道合外力做功对物体动能变化的影响，能用其分析和解决简单的实际问题。

3. 了解重力势能和弹性势能的概念及特点，知道机械能的定义。理解机械能守恒定律，了解机械能守恒的条件，能进行简单计算，并能用其分析生产、生活中的有关问题。

4. 培养科学思维和探究精神，激发学生对机械能领域的兴趣，关注与机械能相关的科技发展和应用动态。培养批判性思维，敢于提出自己的见解和解决方案，结合科技前沿培养工程创新意识。

第一节　功和功率

观察与探究

快递员将货物从一楼送至五楼，可以选择爬楼或乘坐电梯两种方式，这两种方式做的功一样多吗？做功的快慢一样吗？

一、功

1. 什么是做功

在初中我们已经学过：一个物体受到力的作用，并在力的方向上发生了一段位移，就说这个力对物体做了功。

如图 2-1 所示，当乘客拉着行李箱前行时，行李箱在拉力的作用下移动了一段距离，此时拉力对行李箱做了功。

图 2-1　人拉着行李箱前行

思考与讨论

在水平路面上，小张提着一桶水走了 2 m；运动员举起杠铃并保持静止状态 3 s，如图 2-2 和图 2-3 所示。然而小王却认为这两种情况都没有做功。你认为呢？

图 2-2　人提着水桶前行

图 2-3　运动员举起杠铃

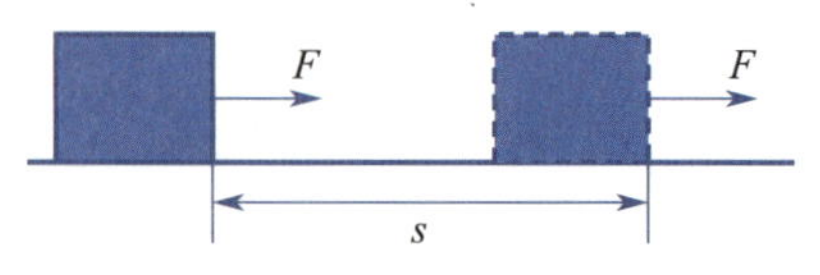

图 2-4　力的方向与位移方向一致

2. 功的计算

在物理学中，我们把力和受力物体在力的方向上发生的位移的乘积，叫作力对物体做的功。

如果力的方向与物体的位移方向一致，如图 2-4 所示，功的大小就等于力的大小与位移大小的乘积。用 F 表示力的大小，s 表示位移的大小，W 表示力 F 对物体所做的功，则功的计算公式为

$$W=Fs$$

功是标量，只有大小，没有方向。在国际单位制中，功的单位是焦耳，符号是 J。1 J 相当于 1 N 的力使物体在力的方向上发生 1 m 的位移所做的功，即 1 J=1 N · m。

很多情况下，物体的受力方向与位移方向并不一致，如图 2-5 所示，当力 F 的方向与位移方向成一定夹角 θ 时，该怎么计算力对物体做的功呢？

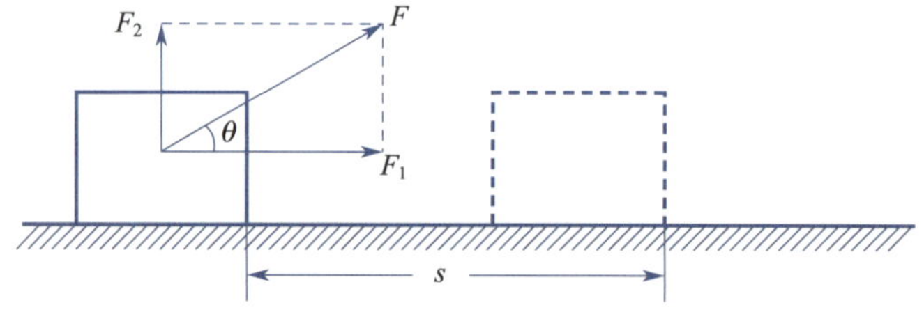

图 2-5　力的方向与物体位移方向不同

经过分析，我们可以把力 F 正交分解为两个分力，即与位移方向一致的分力 F_1 和与位移方向垂直的分力 F_2。分力 F_2 与位移方向垂直，故分力 F_2 对物体不做功；只有平行于位移方向的分力 F_1 对物体做功。因此，力 F 对物体所做的功 W 为

$$W=Fs\cos\theta$$

这说明，**力对物体做的功等于力的大小、位移的大小、力和位移方向的夹角的余弦值这三者的乘积。**

思考与讨论

请结合课本知识讨论，当力和位移的夹角分别为锐角、直角及钝角时，力做功有什么不同？

从上面的讨论可知，当 $0^\circ \leqslant \theta < 90^\circ$ 时，$W>0$，说明力对物体做正功；当 $90^\circ < \theta \leqslant 180^\circ$ 时，$W<0$，说明力对物体做负功；而当 $\theta = 90^\circ$ 时，$W=0$，说明此时力对物体不做功。

某力对物体做负功，我们往往也说成物体克服某力做功（取绝对值），这两种说法的意义是等同的。例如，汽车关闭发动机后，在阻力的作用下逐渐停下来，可以说阻力对汽车做负功，也可以说汽车克服阻力做功。

学以致用

人推着一辆自行车在水平地面上前进，自行车受到几个力的作用？其中哪些力做正功？哪些力做负功？哪些力不做功？

例题 1

一个质量为 5 kg 的物体，在水平面上受到一个大小为 20 N 的水平拉力的作用，如图 2-6 所示，物体从静止开始沿力的方向运动了 10 m。求拉力对物体所做的功。

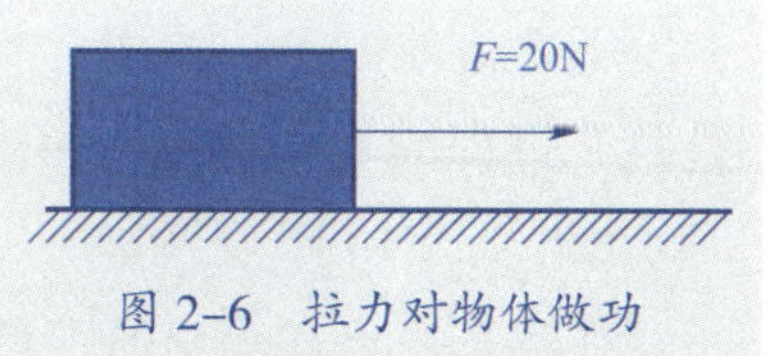

图 2-6　拉力对物体做功

解：已知物体的质量 $m=5$ kg，水平拉力 $F=20$ N，物体位移大小 $s=10$ m，且位移方向与拉力的方向一致。根据公式 $W=Fs$，可得

$$W = 20\ \text{N} \times 10\ \text{m} = 200\ \text{J}$$

所以，拉力对物体所做的功为 200 J。

二、功率

力是一个物体对另一个物体的作用，所以力对物体做功，通常也说成是一个物体对另一个物体做功。不同物体做相同的功，所用的时间往往不同，也就是说，做功的快慢程度不同。

例如，一位工人需要用 1 h 把 1 t 的货物搬到预定的高度，而一台起重机只用了 30 s 就可以将相同的货物提到同样的高度（图 2-7），这说明工人和起

图 2-7　起重机提起重物

重机对货物做功相同，但两者做功的快慢却不同。

物理学中，用**功率**来表示物体做功的快慢。把一个力所做的功 W 与做功所用时间 t 的比值叫作功率。功率用 P 表示，则有

$$P=\frac{W}{t}$$

在国际单位制中，功率的单位是瓦特，符号是 W，1 W＝1 J/s。瓦特这个单位比较小，工程上常用千瓦（kW）来做功率的单位，1 kW＝1 000 W。

将 $W=Fs\cos\theta$ 代入上式中，可得

$$P=Fv\cos\theta$$

这就是说，**一个力对物体做功的功率，等于力的大小、物体运动速度的大小以及力和速度方向间夹角的余弦值这三者的乘积**。当力的方向与速度方向一致时，力对物体做功的功率达到最大，即

$$P=Fv$$

需要说明的是，式中，当 v 为某一过程的平均速度时，P 表示的是整个过程的平均功率，而当 v 为瞬时速度时，P 则表示某时刻的瞬时功率。

在汽车、火车等交通工具以及各种起重机械中，当发动机的功率 P 一定时，牵引力 F 与速度 v 之间存在反比关系。根据这一关系可以得出：若要增大牵引力，则需要减小速度；若要增大速度，则需要减小牵引力。

这一规律在实际应用中具有重要意义。例如，汽车在爬坡时需要更大的牵引力，因此通常会降低速度；而在平直路面上行驶时，则可以提高速度。

知识拓展

机械设备通常有一个额定功率，它是指机械设备在持续稳定运行条件下所能达到的最大输出功率。机械设备的实际输出功率可以小于或等于额定功率，也可以短时间略大于额定功率。但不能长时间超过额定功率，否则会损坏机械设备，缩短其使用寿命。

不同机械或交通工具的额定功率差异较大，这与其用途和工作环境密切相关。表 2–1 所示为常见机械或交通工具的额定功率。

表 2-1　常见机械或交通工具的额定功率

机械或交通工具	功率 /kW	备注
普通摩托车	3.5～10.5	适用于日常代步和小型运输
小型轿车	60～160	家用，适用于城市道路和高速公路
复兴号动车组	5 600～6 400	我国自主研发的高铁列车
大型民航客机	80 000～120 000	如波音 747、空客 A380 等
我国航母山东舰	160 000	大型军舰，功率需求极大

学以致用

请教你身边的司机，在哪些情况下，汽车需要从高速挡换成低速挡或低速挡换成高速挡？在哪些情况下，汽车需要加大或减小油门？用你所学的知识进行分析。

例题 2

为解决偏远山区交通不便快递难以派送的问题，某快递公司采用无人机（图 2-8）派送包裹。某次任务中，无人机派送质量为 10 kg 的包裹，从地面出发，经 10 s 后无人机匀速上升了 50 m。求这个过程中，无人机对包裹做功的平均功率为多少（重力加速度 $g=9.8\ \text{m/s}^2$）？

图 2-8　无人机送快递

解： 在 10 s 内，无人机将包裹从地面提升了 50 m。由于是匀速提升，无人机对包裹的拉力等于包裹的重力，因此，无人机对包裹做功 $W=mgh$，无人机对包裹做功的平均功率为

$$P=\frac{W}{t}=\frac{mgh}{t}=\frac{10\ \text{kg}\times 9.8\ \text{m/s}^2\times 50\ \text{m}}{10\ \text{s}}=490\ \text{W}$$

日新月异

图 2-9　重型燃气轮机

重型燃气轮机（图 2-9）是能源领域的核心装备，被广泛应用于地面发电和电力系统的稳定调控中，具有重要的战略地位和广阔的市场前景。然而，重型燃气轮机整机技术集成和系统性能匹配难度极大，涉及材料科学、热力学、流体力学等多个学科领域。因此，重型燃气轮机的研发与制造被誉为装备制造业“皇冠上的明珠”，是一个国家工业技术水平的重要体现。

2024 年 2 月 28 日，我国自主研制的最大功率（300 MW）、最高技术等级（F 级）重型燃气轮机首台样机在上海临港完成所有装配和测试工作，正式投入使用。这标志着我国在大功率重型燃气轮机领域全面进入整机试验与验证的最终阶段，是我国能源装备制造业发展的重要里程碑。

练习与巩固

1. 斜面上加速下滑的物体，受到重力、支持力和摩擦力的作用，其中______力做正功，______力做负功，________力不做功。

2. 在公式 $P=Fv$ 中，P 保持不变，是否可将作用力 F 无限地减小，以使物体运动的速度无限地增大？你认为在实际情况中能做到吗？如果做不到，分析其原因。

3. 一台起重机工作时的输出功率是 10 kW，当它匀速提升 2.7×10^4 kg 的货物时，提升的速度是多大（重力加速度 $g=10\ \text{m/s}^2$）？

第二节 动能定理

观察与探究

风能作为一种清洁、可再生的能源形式，正日益受到人们的关注，并成为推动绿色能源革命的重要因素。你知道风力发电机（图 2–10）是如何将风能转化成电能的吗？

图 2–10 风力发电机

一、动能

如图 2–11 所示，卡丁车赛道上，车手你追我赶，赛车在赛道上，时而加速，时而减速，如果不小心撞上防护栏，栏杆被撞得弯折变形；紧急刹车时，轮胎与地面摩擦出长长的痕迹，这都是因为运动的物体具有能量。**我们把物体由于运动具有的能量叫作动能**，常用 E_k 表示。

图 2–11 卡丁车比赛

动能的大小与哪些因素有关呢？

知识拓展

如图 2-12 所示，滑块 A 从光滑斜面上滑下，撞到静止在粗糙水平面上的木块 B，并推动木块 B 运动。通过实验可以发现：让滑块 A 从不同的高度滑下，高度越高，滑块下滑到底端的速度越大，把木块 B 推得越远，对木块 B 做功也越多；若使不同质量的滑块从同一高度滑下，滑块滑到底端时的速度都相同，但质量越大的滑块，把木块 B 推得越远，做功也越多。

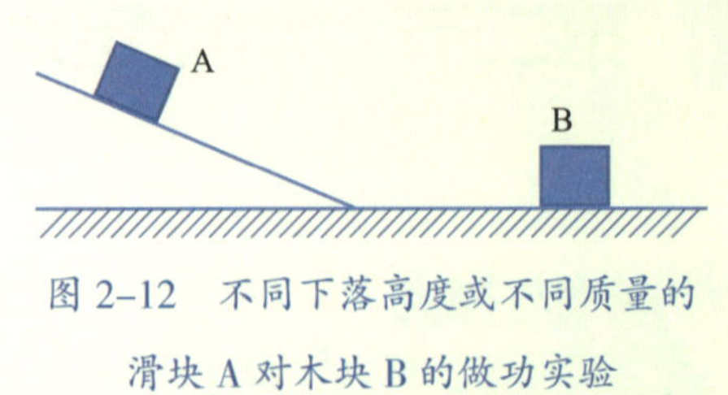

图 2-12　不同下落高度或不同质量的滑块 A 对木块 B 的做功实验

实验表明，**物体的质量和速度越大，它的动能也越大**。那么，怎样定量地表示动能的大小呢？

一个质量为 m，以速度 v 运动的物体，它的动能等于物体的质量与速度二次方乘积的一半，即

$$E_k = \frac{1}{2} mv^2$$

动能是标量，它的国际单位是焦耳，符号是 J。

例题 3

我国于 1970 年发射了第一颗人造地球卫星（图 2-13），质量为 173 kg，运行速度为 7.2 km/s，它的动能是多少？

图 2-13　我国第一颗人造地球卫星

解：由动能的计算公式可知，卫星动能为

$$E_k = \frac{1}{2} mv^2 = \frac{1}{2} \times 173 \times (7.2 \times 10^3)^2 \text{ J} \approx 4.48 \times 10^6 \text{ kJ}$$

二、动能定理

如图 2–14 所示，假设有一辆质量为 m 的汽车，在恒定的合外力 F 作用下行驶，速度由 v_1 增加到 v_2，运动的距离为 x。那么，在此过程中，汽车的加速度是多少？汽车运动的速度 v_1、v_2 与合外力 F、距离 x 的关系是怎样的呢？

图 2–14 汽车在恒力 F 作用下运动

由运动学公式：$v_t=v_0+at$ 及 $x=v_0t+\dfrac{1}{2}at^2$，可以得到 $v_t^2-v_0^2=2ax$。因此该汽车运动的加速度为

$$a=\frac{v_2{}^2-v_1{}^2}{2x}$$

将 a 代入牛顿第二定律公式 $F=ma$ 中，经整理可得

$$Fx=\frac{1}{2}mv_2{}^2-\frac{1}{2}mv_1{}^2$$

也可以写成

$$W=E_{k2}-E_{k1}$$

式中，E_{k2} 表示物体的末动能 $\dfrac{1}{2}mv_2{}^2$，E_{k1} 表示物体的初动能 $\dfrac{1}{2}mv_1{}^2$。

上述结果表明，物体所受的合外力对物体做的功等于物体动能的增量。这个结论称为动能定理。

知识拓展

动能定理具有普适性，即使力是变化的，或者物体做曲线运动时，动能定理仍然成立。正是由于动能定理适用于变化的力或复杂的运动，它被广泛应用于解决实际问题。

例如，一个质量为 m 的物体在 A 点由静止释放，沿表面粗糙的弧形轨道滑到 C 点后停止，如图 2–15 所示。在整个过程中，物体受到重力、支持力和摩擦力三个力的作用（忽略空气阻力的影响）。由于轨道是弯曲的，支持力和摩擦力都是变力，但支持力与速度方向始终垂直，因此不做功，只有重力和摩擦力做功。重力做正功 $W_1=mgh$，摩擦力的方向与物体运动的方向相反，因此做负功 W_2。根据动能定理，物体所受的合外力对物体做的功等于物体动能的增量，因此有 $W_1+W_2=0$，所以摩擦力对物体做的功 $W_2=-mgh$。

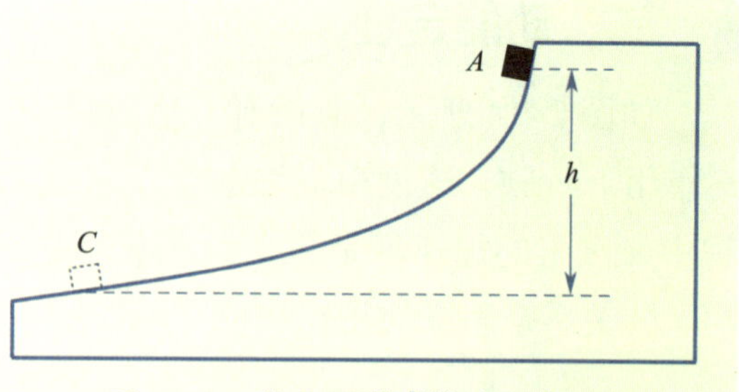

图 2-15 物体下滑摩擦力做负功

三、动能定理的应用

运用动能定理求解力学问题通常较为简便，因为动能定理不需要考虑物体运动过程中的加速度和时间。

例题 4

一架喷气式飞机，质量 $m=5.0\times10^3$ kg，飞机从静止状态开始在水平地面上滑跑经过距离 x 后达到起飞速度 $v=60$ m/s。已知飞机受到的水平牵引力 $F=1.8\times10^4$ N，飞机受到的平均水平阻力 f 是飞机重力的 k 倍（$k=0.02$），重力加速度 g 取 10 m/s²。求飞机滑跑的位移 x。

解： 飞机在竖直方向受力平衡，在水平方向受到的外力是牵引力 F 和阻力 f，合外力为 $F-f$。由动能定理可得

$$(F-f)x=\frac{1}{2}mv^2-0$$

其中 $f=kmg$，代入上式解得

$$x=\frac{mv^2}{2(F-kmg)}$$

代入已知数据可得 $x=5.3\times10^2$ m。

思考与讨论

上述例题若用牛顿第二定律和匀变速直线运动公式求解，解得的结果相同吗？两种解法哪种更为简便？

例题 5

如图 2–16 所示，滑冰者在获得 4 m/s 的速度后停止用力，在冰面上滑行 40 m 后停止。重力加速度 g 取 10 m/s^2，求滑冰鞋与冰面的动摩擦因数。

图 2–16 滑冰者在冰面上滑行

解： 滑冰者停止用力后，在滑动摩擦力的作用下做匀减速运动。由动能定理可得

$$-\mu mgx = 0 - \frac{1}{2}mv^2$$

得

$$\mu = \frac{mv^2}{2mgx}$$

代入已知数据解得 $\mu = 0.02$。

学以致用

动能定理不仅在宏观的力学问题中有着广泛的应用，在粒子物理学领域同样发挥着重要作用。粒子物理学研究微观粒子的性质及其相互作用，动能定理可以帮助我们理解粒子之间的能量转换过程。

例如，在希格斯玻色子的研究中，科学家使用动能定理来分析粒子的运动和衰变过程。通过测量粒子在不同时间的动能，科学家可以推断出粒子的质量和衰变方式，从而有助于揭示物质的微观结构和基本粒子行为。

日新月异

将风的动能转化成电能的过程，称为风力发电。风力发电所需要的装置，叫作风力发电机组。风力发电机组，主要由风轮（包括尾舵）、发电机和铁塔三部分组成。

我国风力资源极为丰富，绝大多数地区的平均风速在 3 m/s 以上，特别是东北、西北、西南高原和沿海岛屿，平均风速更大，有些地区，一年有超过 1/3 的时间都是大风天。在这些风力资源丰富的地区，发展风力发电具有广阔的前景。如图 2-17 所示是我国新疆达坂城风力发电站的风车田。

图 2-17 我国新疆达坂城风力发电站的风车田

练习与巩固

1. 一质量为 10 g 以 800 m/s 的速度飞行的子弹，与另一质量为 60 kg 以 10 m/s 的速度奔跑的运动员，各自的动能分别是多少？哪一个动能更大？

2. 把一辆汽车的速度从 10 km/h 加速到 20 km/h，或者从 50 km/h 加速到 60 km/h，哪种情况做的功较多？请说明理由。

3. 如图 2-18 所示，一个质量为 m 的滑块从高度为 h 的斜面上无初速度滑下，斜面与水平地面的夹角为 θ，滑块与斜面间的动摩擦因数为 μ。求滑块到达斜面底端时的速度大小。

图 2-18 滑块从斜面滑下

第三节　机械能守恒定律及应用

观察与探究

在建筑工地上，打桩机正在紧张地工作，重锤被缓缓提升到高处，随后突然释放，重重地砸向桩体，将桩体深深地打入地面。请大家思考，重锤被提升和下落的过程，能量发生了怎么样的变化？

一、重力的功及重力势能

1. 重力的功

如图 2–19 所示，无论将质量为 m 的小球沿路径①还是沿路径②由水平地面移至斜面顶点 A 处，重力做功都等于 $-mgh$，负号表示该过程重力做负功，h 为小球末位置与初位置之间的高度差。

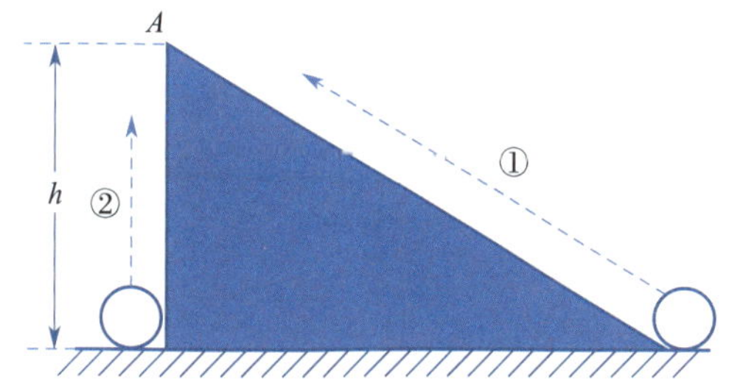

图 2–19　小球从水平地面沿不同路径移至斜面顶点 A 处

研究表明，物体运动时，重力对物体做的功只与它的初末位置有关，而与物体运动的路径无关。重力的功可用公式表示为

$$W=mgh_1-mgh_2$$

式中，h_1 表示物体初始位置的离地高度，h_2 表示物体末位置的离地高度。

若初始位置较高，末位置较低，即 $h_1>h_2$，则 $W>0$，说明重力做正功；

若初始位置较低，末位置较高，即 $h_1<h_2$，则 $W<0$，说明重力做负功；

若初始位置和末位置高度相同，即 $h_1=h_2$，则 $W=0$，说明重力不做功。

由此可见，物体的重力 mg 与所处位置离地的高度 h 的乘积 mgh，是一个具有特殊意义的物理量。

2. 重力势能

根据重力做功的公式可以推断，重力做功必然伴随着某种能量的改变，mgh 一定是某种形式的能量。**物理学中，把 mgh 叫作物体在高度 h 处的重力势能，**常用 E_p 表示，即

图 2–20　物体处在不同位置时的重力势能

$$E_p=mgh$$

重力势能是标量。与功的单位一样，国际单位制单位是焦耳，符号是 J。上式表明，物体的重力势能等于它所受重力 mg 与所在位置的离地高度 h 的乘积。

3. 重力势能的相对性

通常所说的物体的重力势能是相对于某一参考面而言的。若选取地面为零势能面，则地面上的物体由于高度为 0，重力势能也为 0。

零势能面也可以选在其他位置，如图 2–20 所示，如果选 B 位置为零势能面，则：当物体位于零势能面以上的 A 处时，重力势能为 mgh；当物体位于零势能面以下的 C 处时，重力势能则为 $-mgh$。因此，物体的重力势能总是与零势能面的选取有关。

在处理具体问题时，选择哪个面为零势能面，需根据研究问题的方便而定。通常，我们选取地面为零势能面。

4. 重力势能的变化和重力做功的关系

根据重力做功的表达式 $W=mgh_1-mgh_2$，可以写成 $W=E_{p1}-E_{p2}$。**可见重力做的功等于重力势能的变化量。**

当物体由高处运动到低处时，重力做正功，重力势能减少，减少的重力势能等于重力所做的功。当物体由低处运动到高处时，重力做负功，重力势能增加，增加的重力势能等于物体克服重力所做的功。

思考与讨论

物体的重力势能与零势能面的选择有关，重力做功是否也与零势能面的选取有关呢?

例题 6

如图 2–21 所示，一个质量 $m=0.5$ kg 的小球，从距凳子表面高 $h_1=0.6$ m 的 A 点下落到地面上的 B 点，已知凳子表面离地高 $h_2=0.8$ m，分别以凳子表面、地面为零势能面，求小球在 A、B 两点处的重力势能，重力加速度 g 取 10 m/s^2。

解： 当选取凳子表面为零势能面时：

小球在 A 点的重力势能为 $E_{pA}=mgh_1=3\ \text{J}$；

小球在 B 点的重力势能为 $E_{pB}=-mgh_2=-4\ \text{J}$。

当选取地面为零势能面时：

小球在 A 点的重力势能为 $E_{pA}=mg(h_1+h_2)=7\ \text{J}$；

小球在 B 点的重力势能为 $E_{pB}=0\ \text{J}$。

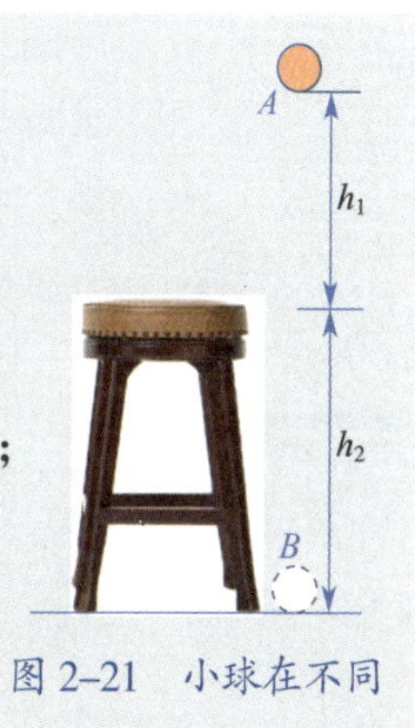

图 2–21　小球在不同位置处的重力势能

二、弹性势能

撑竿跳高运动员手中弯曲的竿（图 2–22）、卷紧的发条、拉开的弓等，这些物体都发生了弹性形变。当物体发生弹性形变时，各部分之间由于弹力的相互作用而具有势能，这种势能叫作**弹性势能**。

图 2–22　运动员撑竿跳高

弹性势能与物体的形变大小有关。例如，在弹性限度内，弹簧的弹性势能与弹簧被拉伸或压缩的长度有关。被拉伸或压缩的长度越长，弹簧的弹性势能就越大，恢复原状过程中对外做的功就越多。

知识拓展

我们知道，当弹簧由于外力作用被拉伸或者压缩时，外力对弹簧做了功，这使得在弹簧中储存有弹性势能。在弹性限度内，弹簧的弹性势能的表达式为 $E_p=\frac{1}{2}kx^2$，其中 k 为弹簧的劲度系数，x 为弹簧的伸长量或压缩量。

三、机械能

机械能是宏观物体势能和动能的总和。**机械能包括重力势能、弹性势能和动能，**用符号 E 表示。

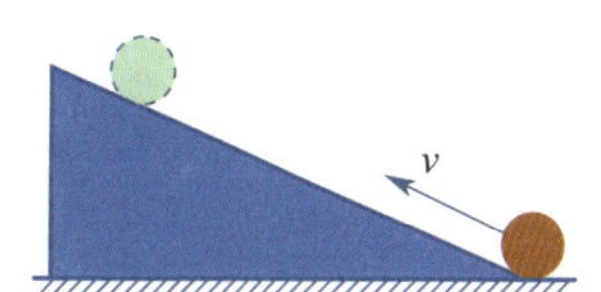

图 2–23　小球在斜面上运动时动能转化为重力势能

在机械运动中，动能和势能是可以相互转化的。如图 2–23 所示，具有一定速度的小球，由于惯性沿固定在地面上的光滑

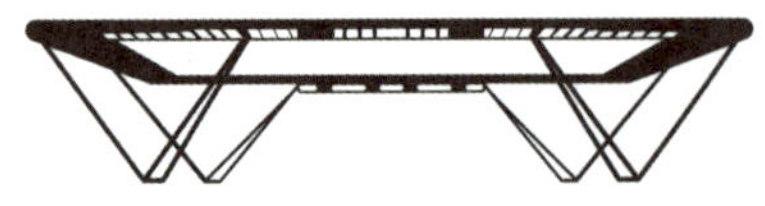
图 2-24 运动员在蹦床上垂直跳跃

斜面上升时，重力对小球做负功，小球的速度减小，动能减少但重力势能增加。假定小球到达斜面上的最高点时，速度为零，此时，小球的动能全部转化为小球的重力势能。

如图 2-24 所示，蹦床运动员在上升到最高点的过程中，速度减小的同时高度不断增加，当到达最高点时，速度为零，重力势能最大。当从最高点下落到蹦床表面的过程中，重力势能减小，动能增加。

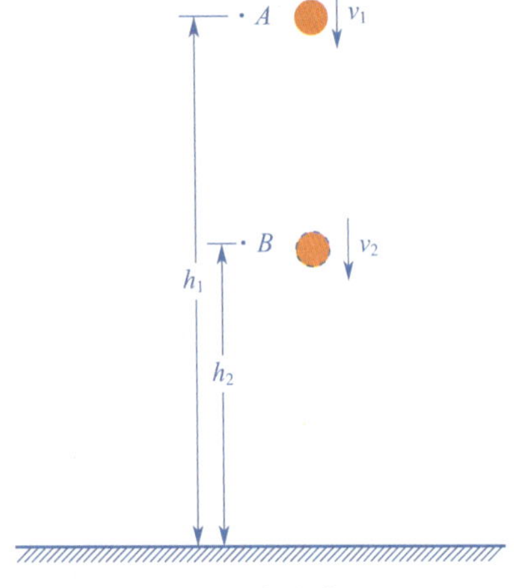

图 2-25 机械能守恒图示

四、机械能守恒定律

如图 2-25 所示，一个质量为 m 的物体自由下落，经过高度为 h_1 的 A 点时速度为 v_1，下落到高度为 h_2 的 B 点时速度为 v_2。由动能定理可得该过程中重力做功

$$W_G=\frac{1}{2}mv_2^2-\frac{1}{2}mv_1^2$$

又因为

$$W_G=mgh_1-mgh_2$$

联立以上两式可得

$$\frac{1}{2}mv_2^2-\frac{1}{2}mv_1^2=mgh_1-mgh_2$$

移项后得

$$\frac{1}{2}mv_2^2+mgh_2=\frac{1}{2}mv_1^2+mgh_1$$

即

$$E_{k2}+E_{p2}=E_{k1}+E_{p1}$$

上式表明，**在自由落体运动中，物体的动能和重力势能之和（总的机械能）保持不变。**

上述结论不仅适用于自由落体运动，还可以证明在只有重力做功的情况下，无论物体做直线运动还是曲线运动，上述结论都是正确的。

物体的动能和势能可以相互转化。**如果一个物体或系统在运动过程中，除了重力或弹力做功之外，没有其他形式的力做功，那么该物体或系统的机械能总量保持不变。这个结论叫作机械能守恒定律。**

五、机械能守恒定律的应用

在解决某些力学问题时，从能量的角度来分析，应用机械能守恒定律求解，往往更加简便。应用机械能守恒定律时，必须分析物体或系统的受力情况，判断是否满足机械能守恒条件。

例题 7

一个小球从高度为 h 的光滑曲面上的 A 点由静止开始下滑，如图 2–26 所示，不计空气阻力，求小球下滑到曲面的底端 B 点时的速度大小。

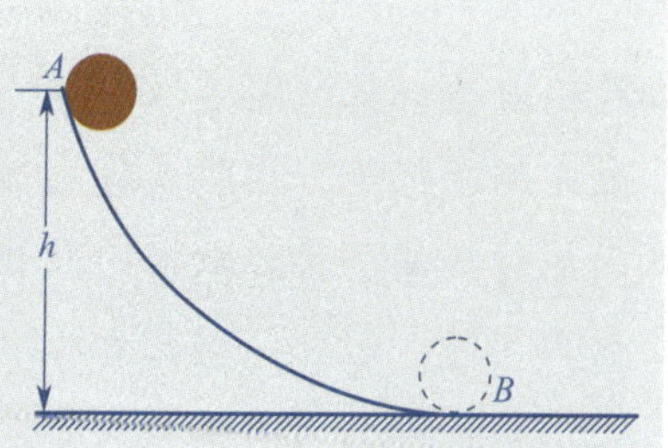

图 2–26　小球从光滑曲面上滑下

解： 不计空气阻力且斜面光滑，因此小球在运动过程中只受重力和支持力的作用，支持力的方向始终与小球速度方向垂直，因此不做功。整个下落过程，只有重力做功，满足机械能守恒条件。设小球的质量是 m，选取地面为零势能面。

在初位置 A：重力势能 $E_{pA}=mgh$，动能 $E_{kA}=0$

在末位置 B：重力势能 $E_{pB}=0$，动能 $E_{kB}=\frac{1}{2}mv^2$

由机械能守恒定律 $E_{kA}+E_{pA}=E_{kB}+E_{pB}$ 可得

$$\frac{1}{2}mv^2=mgh$$

解得 $v=\sqrt{2gh}$。

学以致用

在日常生活中，机械能守恒定律可以指导我们采取更加节能的生活方式。例如，在下楼梯时，利用重力势能转化为动能，可以减少肌肉的疲劳和能量的消耗。汽车在下坡时，重力势能转化为动能，可减少给油或滑行降低油耗。此外，在高层建筑中，利用高位水箱的重力势能转化为动能进行供水，减少水泵的运行时间，从而减少电能消耗。

日新月异

机械能守恒是物理学中的一个重要定律。理论研究指出，机械能守恒定律满足力学相对性原理，即在不同惯性参考系中，机械能守恒定律的形式和结论保持一致；此外，在量子数较大或能级间隔较小的情况下，量子力学理论会逐渐过渡到经典力学理论，此时机械能守恒定律在经典力学中的表现形式在量子力学中仍然适用。

为了更加精确地验证机械能守恒定律，研究者开发了高精度实验设备，例如高速摄像机、激光测距仪等。这些设备能够精确测量物体在运动过程中的速度和位置变化，从而显著提高了实验数据的准确性和可靠性，为机械能守恒定律的实验验证提供了有力支持。同时，研究者还采用了多种实验方法来验证机械能守恒定律，例如自由落体实验、斜面滚动实验等。通过这些创新性实验方法，研究者能够更加全面地观察和分析物体在运动过程中的能量转换情况，从而更加准确地验证机械能守恒定律的正确性。

练习与巩固

1.（多选）如图 2-27 所示，一物体从 M 点沿粗糙斜面 MP 与光滑斜面 MN 分别滑到同一水平面上的 P 点与 N 点，则下列说法中正确的是（　　）。

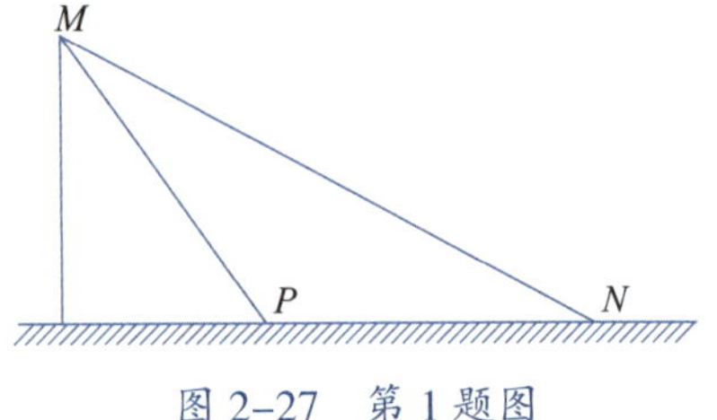

图 2-27　第 1 题图

A. 物体沿 MN 面下滑，重力做功多

B. 物体沿两个面下滑，重力做功相同

C. 物体到达 P 点时的动能大于到达 N 点的动能

D. 物体到达 P 点时的动能小于到达 N 点的动能

2. 在下列几种情况中，甲乙两物体的动能相等的是（　　）。

A. 甲的速度是乙的 2 倍，甲的质量是乙的 $\frac{1}{2}$

B. 甲的质量是乙的 2 倍，甲的速度是乙的 $\frac{1}{2}$

C. 甲的质量是乙的 4 倍，甲的速度是乙的 $\frac{1}{2}$

D. 甲的速度是乙的 4 倍，甲的质量是乙的$\frac{1}{2}$

3. 如图 2–28 所示，质量为 m 的物体以速度 v_0 离开桌面，若以桌面为零势能面，当它经过 A 点时，所具有的机械能是（不计空气阻力）(　　)。

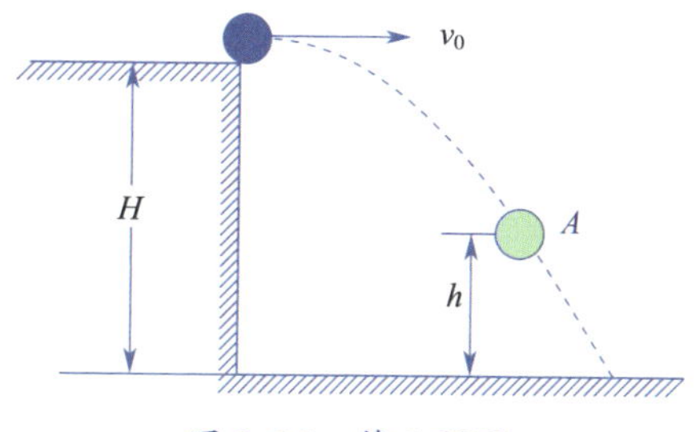

图 2–28　第 3 题图

A. $\frac{1}{2}mv_0^2+mgh$　　　　B. $\frac{1}{2}mv_0^2-mgh$

C. $\frac{1}{2}mv_0^2+mg(H-h)$　　　　D. $\frac{1}{2}mv_0^2$

融会贯通

本章主要介绍了功和功率、动能定理以及机械能守恒定律及应用等知识内容。在功和功率部分，重点是掌握功、功率的计算方法，难点是区分平均功率和瞬时功率；动能定理部分，理解和运用动能定理既是重点也是难点；机械能守恒定律及应用部分，重点是掌握重力势能的相对性，掌握机械能守恒所满足的条件，难点是运用机械能守恒定律分析物体动能与势能之间的相互转化关系。

学习功与能的关系有助于提升学生的科学思维，包括逻辑思维、批判性思维和创新思维等，同时帮助学生形成能量观念、守恒观念和系统观念等重要的物理观念。这些科学思维和物理观念的形成有助于学生更好地理解物理现象和变化规律。

第三章

热现象及能量守恒

自然界物质运动的形式多种多样，除了汽车、火车、轮船等的机械运动外，还有一类与温度密切相关的运动，如物质的热胀冷缩、热传导、热扩散等，这是热运动。

18 世纪中期，蒸汽机的发明极大地推动了生产力的发展和社会的进步，同时也促使人们开始深入探索能量转换和能量守恒的科学原理，以不断推进能源的合理开发和利用。我国提出了“绿水青山就是金山银山”的发展理念，通过制定并实施一系列政策措施，积极推动能源绿色低碳转型，这充分体现了我国对于节能减排和可持续发展的重视和承诺。

本章我们将从微观角度认识和解释热现象，学习有关热力学及能量守恒方面的规律，并了解其在生产生活中的应用。

学习目标

1. 了解分子动理论的基本观点，了解扩散现象，能观察并解释布朗运动，增加对相关物理现象的感性认识。

2. 了解温标的概念，理解摄氏温标和热力学温标的关系，能从微观角度分析气体分子运动剧烈程度与温度的关系，并能用其解释生产生活中相关的热现象。

3. 了解内能的概念，知道改变物体内能的方法。了解热力学第一定律，知道热传递和做功对改变物体内能的影响。知道能量守恒是自然界中最基本、最普遍的规律之一，能运用能量守恒定律解释自然界中简单的能量转化问题。

4. 通过对热现象和能量守恒问题的学习，培养批判性思维能力，学会质疑、分析和评估相关信息。增强环境保护的意识，理解热现象和能量守恒在节能减排、可持续发展等领域的重要性。

第一节　分子动理论

观察与探究

观察一个玻璃杯，如图 3-1 所示，我们可以思考以下问题：如果将此玻璃杯打碎，碎片是否仍然是玻璃？如果将这些碎片不断分割，颗粒会越来越小，那么这种分割是否可以无限进行下去？是否存在一个最小的限度，使得物质无法再被分割？

图 3-1　玻璃被无限细分

一、物质的构成

我们在初中已经学过，物质是由大量分子组成（图 3-2）。例如，当我们喝一口水或呼一口气时，就涉及 $10^{21}\sim10^{23}$ 个分子的运动。构成物质的微观单元多种多样，可以是原子、离子，也可以是分子。在热学中，我们研究的是微观单元的运动规律，而不必区分它们在化学变化中的具体作用，因此将其统称为分子。上面提到的玻璃被无限细分时，最小单元即为分子。

图 3-2　分子结构的三维模型

为了研究物质分子的运动规律，物理学中通常采用两种简化模型，即适用于研究固体与液体分子的球模型和适用于研究气体分子的立方体模型，如图 3-3 所示。

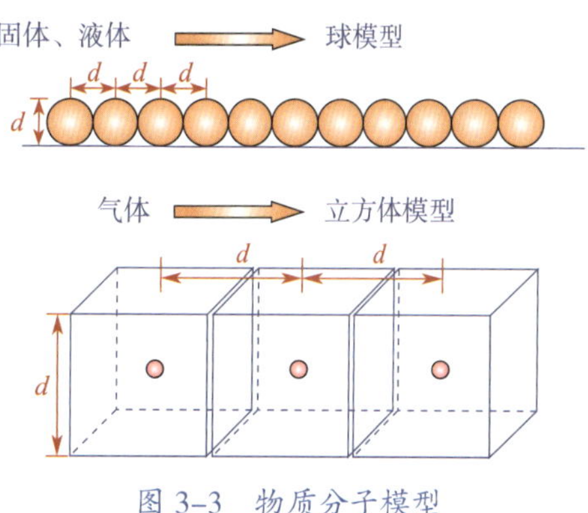

图 3-3　物质分子模型

从图 3-3 中可以看出，固体、液体分子被理想化地看作是一个挨一个地紧密排列的；而气体分子间距离较大，且气体分子的体积远小于其平均占有的空间，因此，通常把每个气体分子平均占有的空间视为一个立方体。

学以致用

怎样估测油酸分子的大小？首先，测量出100滴油酸的体积，由此计算出一滴油酸的体积V；其次，将一滴油酸滴在水面上，让其形成一层单分子油膜（图3-4a），测量出该油膜的面积S（图3-4b）；最后，用一滴油酸的体积除以一滴油酸形成的单分子油膜的面积，便可近似算出油酸分子的直径d，即$d=\frac{V}{S}$。

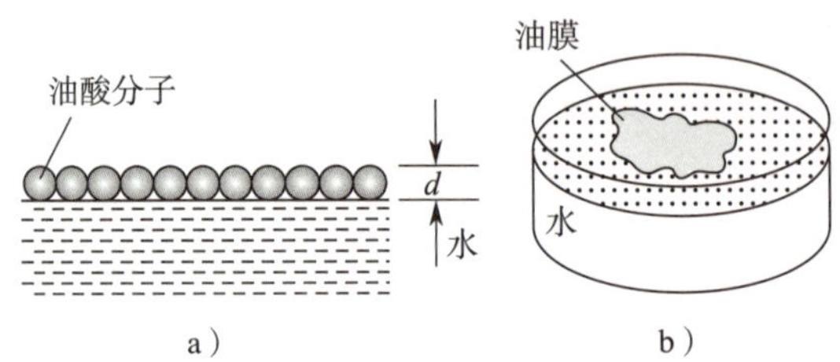

图3-4 估测油酸分子直径示意图

实验表明，若把分子看成球形，它的直径大约是10^{-10} m。可见，分子是极其微小的。一般物质分子的直径都是以纳米（nm）为数量级的，所以人类肉眼即使借助光学显微镜也无法观察到分子。近年来，人们已经能够用放大200万倍的离子显微镜直接观察分子的大小，甚至能用放大3亿倍的扫描隧道显微镜实现“操纵原子”的梦想。

二、分子运动论

思考与讨论

日常生活中，会经常出现以下现象：将装有两种不同气体的两个容器连通后，经过一段时间，这两种气体会在两个容器中混合得十分均匀；在一杯清水中滴入几滴红墨水，过一段时间，整杯水都被染成了红色；把两块不同的金属紧压在一起，经过较长时间放置后，每块金属的接触面内部都出现了另一种金属的成分。

如何解释这些现象呢？

在初中我们已经学过，**不同物质相互接触时，能够彼此进入对方的现象叫作扩散现象**。扩散现象并不是外界作用引起的，也不是化学反应的结果，而是由物质分子的无规则运动产生的。扩散的快慢与物质的状态和温度有关；无论气体、液体还是固体都可以发生扩散现象（图 3–5），且总是从浓度高的地方向浓度低的地方扩散。

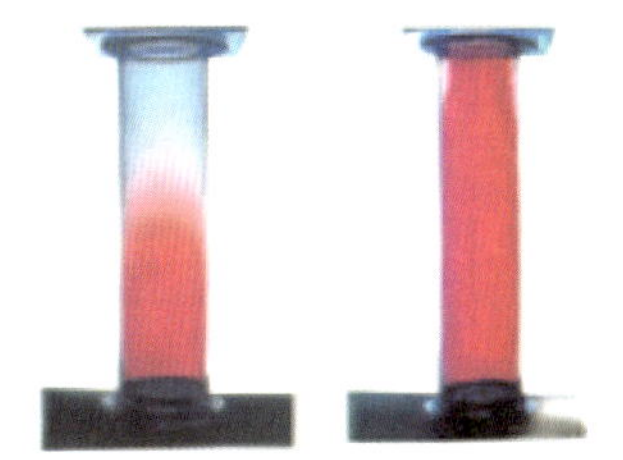
溴蒸气的扩散

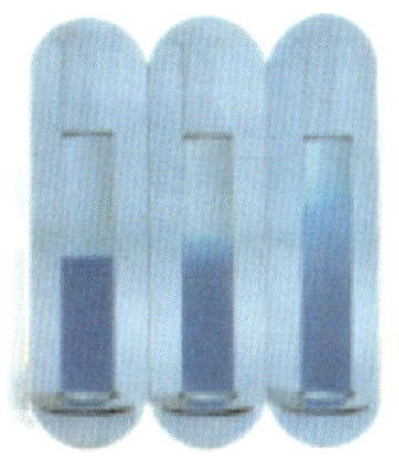
液体的扩散

酱油在蛋清中的扩散

图 3–5　分子扩散现象

扩散现象与我们的日常生活和生产密切相关。例如，人体呼吸过程中，吸入的空气和肺泡内的气体交换就是依靠扩散现象实现的，这使得我们能正常呼吸。在工业生产中，钢的渗碳热处理利用扩散原理，通过增加钢件表面的碳含量，可以形成硬度更高的零件。然而，扩散现象也可能带来负面影响，如有毒废气、废液的泄漏或排放会扩散到周围的空间，进而危害环境。这些例子充分说明了固体、液体和气体分子都在永不停息地做无规则运动。

思考与讨论

如图 3–6 所示，将墨汁用水稀释后取出一滴放在高倍光学显微镜下观察，可以看到悬浮在液体中的微小颗粒（小炭粒）在做不规则运动；再取一滴用热水稀释后的墨汁，重复上面的实验。通过对比不同实验条件下墨汁颗粒的运动特点，分析并讨论墨汁颗粒运动的剧烈程度与什么因素有关。

在显微镜下追踪两个微粒的运动轨迹，每隔 30 s 记录下来它们的位置，然后用直线把这些位置按时间顺序依次连接起来，就会得到类似图 3–7 所示微粒的运动轨迹。

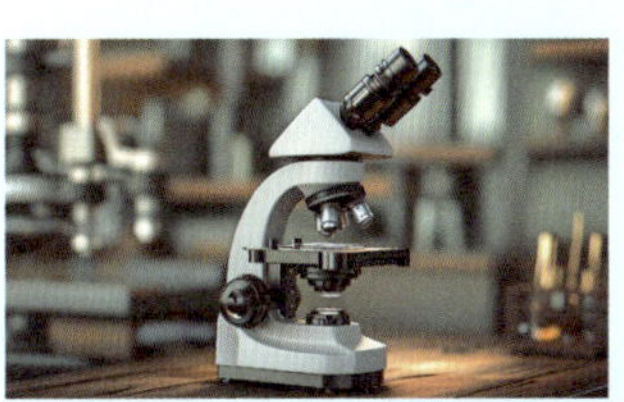
图 3–6　高倍光学显微镜

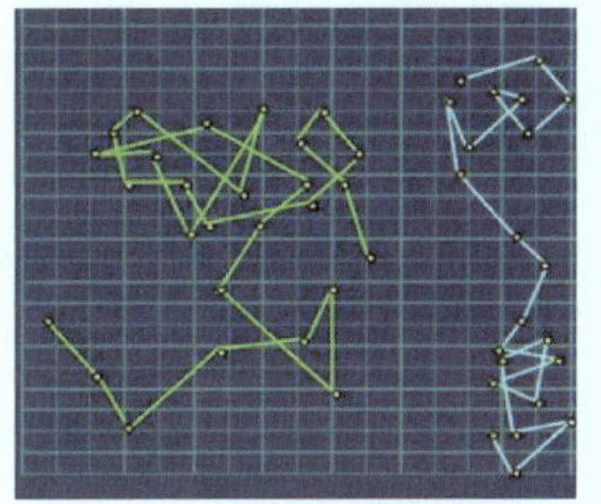
图 3–7　微粒的运动轨迹

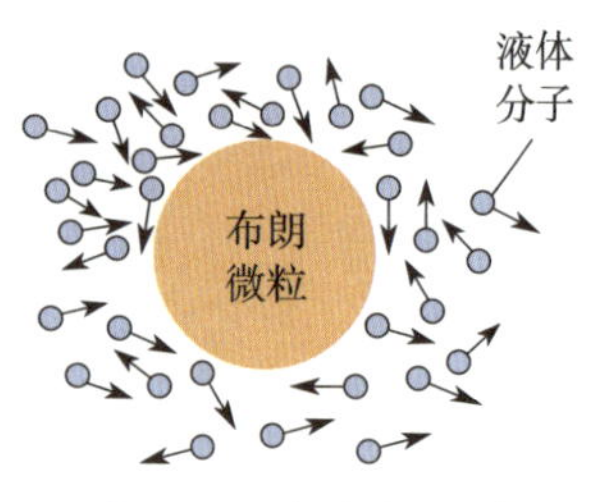

图 3-8 液体分子对微粒的撞击产生布朗运动

实验表明，墨汁小颗粒在水中做的是无规则运动。1827 年，英国植物学家布朗用显微镜观察悬浮在水中的花粉时，首先发现了这种现象。于是，**人们把悬浮微粒这种永不停息的无规则运动称为布朗运动**。

1905 年，爱因斯坦和波兰物理学家佩兰通过假设推理对布朗运动做出了理论上的解释。如图 3-8 所示，微粒的无规则运动主要是由于微粒周围介质（液体或气体）分子对微粒的撞击作用引起的。

温度越高，液体（或气体）分子的运动越激烈，对微粒的撞击频率和强度也越高。人们通过大量实验观察归纳出：分子越小，分子的无规则运动越明显；温度越高，分子的无规则运动越剧烈。因此，**把分子永不停息的无规则运动**叫**热运动**。扩散现象和布朗运动都直接或间接证明了分子在永不停息地做无规则运动。

物质的三种状态（固态、液态和气态）是由分子永不停息的无规则热运动以及不同分子运动速度的差异形成的。随着物质的吸热或放热，物态之间可以相互转化，如图 3-9 所示。

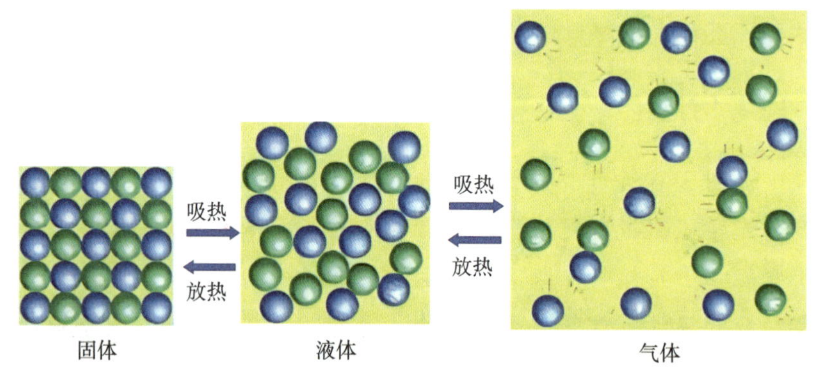

图 3-9 固体、液体、气体之间的物态变化

从微观视角分析，当物质处于固体状态下时，分子间距离较小，固体分子只能在固定位置附近做微小振动，因此固体物质具有固定的体积。当固体吸收热量时，分子运动速度加快，获得足够的能量后，分子可以在更大范围内自由移动，物质从固态转变为液态。进一步加热液体，分子吸收更多热量，运动速度继续加快，物质从液态转变为气态。反之，当气体放热时，分子运动速度降低，物质从气态转变为液态；液态继续放热，分子运动速度进一步降低，物质从液态转变为固态。

思考与讨论

在较暗的房间里，可以观察到射入房间的细光束中有悬浮在空气里的尘埃微粒在不停地上下左右游动（图 3-10），这些尘埃微粒的运动属于什么运动？为什么会产生这种现象？

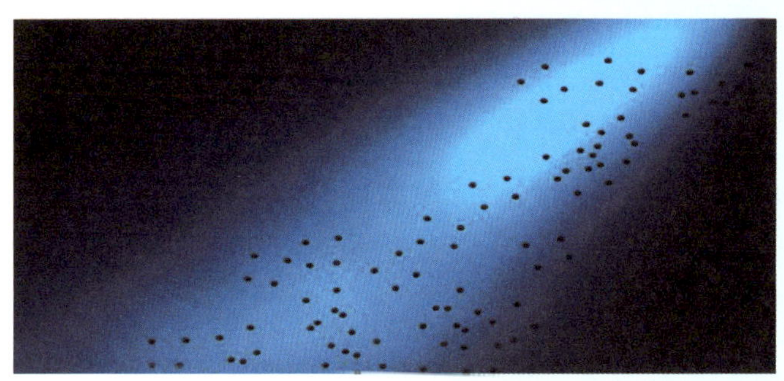

图 3-10　光线下空气中的尘埃运动

三、分子间的相互作用力

物质是由分子组成的，分子在永不停息地做无规则热运动，这说明分子间存在间隙。例如，气体很容易被压缩，水和酒精混合后总体积会减小，以及物体的热胀冷缩现象等，这些都说明了固体、液体以及气体的分子之间存在间隙。通常情况下，分子间的间隙在气态时最大，液态次之，固态时最小。

我们知道，使固体伸长或压缩都非常困难，同样液体也很难被压缩，即使是气体，压缩到一定程度后，也难以继续压缩。这是为什么呢？

研究表明，分子间同时存在吸引力和排斥力，实际表现出来的是吸引力和排斥力的合力称为分子力。

分子间吸引力和排斥力的大小都随着分子间距离的变化而变化。当分子间距离处于平衡位置 r_0（数量级为 10^{-10} m）时，分子间的吸引力等于排斥力，对外表现的分子力为零。当分子间距离小于 r_0 时，排斥力大于吸引力，对外表现为排斥力。当分子间距离大于 r_0 时，吸引力大于排斥力，对外表现为吸引力。而当分子间距离大于 10 倍的分子直径时，分子间的吸引力和排斥力都近似为零，对外表现出来的分子力也近似为零。

知识拓展

我们知道，大多数物质都具有热胀冷缩的性质。当外界温度变化时，物体的体积也会随之改变，这种变化在微观上表现为分子间距离的变化。由于分子间存在相互作用力（分子力），当分子间距离变化时，分子力会做功。与重力做功对应着重力势能的变化类似，分子力做功也对应着分子势能的变化。

当两分子间的距离为 r_0（平衡位置）时，分子力为零，分子势能最小。当分子间距离大于 r_0 时，分子力表现为引力，随着分子间距离的增大，引力做负功，分子势能随距离增大而增加；当分子间距离小于 r_0 时，分子力表现为斥力，随着分子间距离的减小，斥力也做负功，分子势能随距离减小也增加。若取分子间距离为无穷大时分子势能为零，分子势能随分子间距离的变化曲线，如图 3–11 所示。

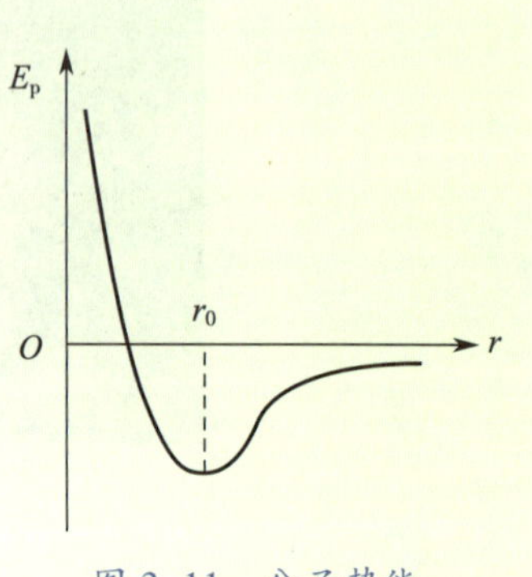

图 3–11　分子势能

四、分子动理论

上述研究和分析表明，一切物体都是由大量分子组成的，分子在永不停息地做无规则运动，分子之间有间隙，分子之间存在着相互作用的引力和斥力，这就是**分子动理论**的主要内容。

日新月异

水凝胶是一种具有极强亲水性能的三维网络结构材料。它具有两大显著特性：一是能够吸收大量水分，遇水后迅速溶胀；二是在溶胀状态下，水凝胶能保持大量水分，且不会溶解于水（图 3–12）。因其具有高吸水性和高保水性的特性，水凝胶被广泛应用于众多领域。

图 3–12　蓝色水凝胶球

在农业生产中，水凝胶可用于抗旱，帮助土壤保持水分，或用作农用薄膜；在石油化工中，它可用于原油或成品油的脱水，或做堵水调剂；在医疗领域，被用作药物载体，或制成退热贴、镇痛贴；

在日常生活中，被制成面膜用于化妆品行业，或作为保鲜剂、增稠剂用于食品行业；在建筑和矿业行业，水凝胶还可充当结露防止剂、调湿剂或抑尘剂。

练习与巩固

1. 下列关于扩散现象和布朗运动的叙述正确的是（　　）。

A. 扩散现象和布朗运动没有本质的区别

B. 扩散现象突出说明了物质的迁移规律，布朗运动突出说明了分子运动的无规则性规律

C. 扩散现象和布朗运动都与温度有关

D. 以上说法都不对

2. 两个相近的分子间同时存在着引力和斥力，当分子间距离为 r_0 时，分子间的引力和斥力大小相等。下列说法中正确的是（　　）。

A. 当分子间距离由 r_0 开始减小时，分子间的引力和斥力都在减小

B. 当分子间距离由 r_0 开始增大时，分子间的斥力在减小，引力在增大

C. 当分子间距离由 r_0 开始减小时，分子间的引力和斥力都在增大

D. 当分子间距离由 r_0 开始增大时，分子间的斥力大于引力

第二节 物体的内能

观察与探究

取等量同种的红茶，分别用不同温度的水（如 60 ℃、80 ℃、100 ℃）冲泡相同时间，泡出来的茶水颜色有什么不同（图 3-13）？为什么会有这样的现象？

图 3-13 不同温度下冲泡相同时间的红茶

一、温标

表示物体冷热程度的物理量，称为**温度**。**用来衡量物体温度数值的标尺**称为**温标**。常用的温标包括摄氏温标和热力学温标（也叫绝对温标）。

摄氏温标由瑞典天文学家摄尔修斯提出，是日常生活和生产中常用的表示温度的方法。

摄氏温标规定：在标准大气压下，冰水混合物的温度为 0 ℃，水的沸点为 100 ℃，并据此把玻璃管上 0 ℃刻度与 100 ℃刻度区间均匀分成 100 等份，每等份为 1 ℃，用符号 t 表示，单位为摄氏度（℃），如图 3-14 所示。

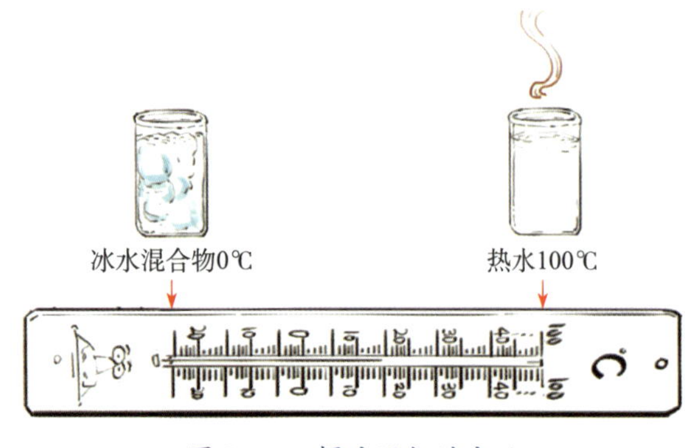

图 3-14 摄氏温标的定义

热力学温标是由英国物理学家威廉·汤姆逊（开尔文勋爵）提出来的，又称开尔文温标或绝对温标，简称**开氏温标**，是国际单位制中七个基本物理量之一，用符号 T 表示，单位为开尔文，简称开（K）。

热力学温标描述的是客观世界真实的温度，同时也是制定国际协议温标的基础，是一种标定、量化温度的方法。热力学温标的 0 K 为宇宙最低温度，叫绝对零度，对应摄氏温标为零下 273.15 度，即 −273.15 ℃。

因此，热力学温度和摄氏温度的数值关系为

$$T=t+273.15$$

知识拓展

国际单位制七个基本单位见表 3–1。

表 3–1　国际单位制七个基本单位

序号	物理量	单位	符号
1	长度	米	m
2	温度	开尔文	K
3	质量	千克	kg
4	时间	秒	s
5	电流	安培	A
6	物质的量	摩尔	mol
7	发光强度	坎德拉	cd

思考与讨论

温度为物体分子热运动剧烈程度的宏观表现。分子热运动越剧烈，物体的温度也就越高。地球上南极的最低温度约为 −94.7 ℃，而地核深处的温度可高达 6 000 ℃以上，太阳内核温度更是惊人，高达 2 000 万 ℃。然而，在广袤的宇宙中，存在着比太阳更为庞大的恒星，质量越大的恒星温度通常也越高。请问物体的温度能无限升高吗？绝对零度能达到吗？

二、分子动能

一切物体运动时都具有动能。同样的，做无规则热运动的分子也具有动能。**分子由于做无规则运动而具有的动能**称为**分子动能**。

所有分子动能的平均值，叫作分子热运动的平均动能。物体温度越高，分子热运动越剧烈，分子的平均动能就越大。上述在冲茶的过程中，水温越高，分子运动越剧烈，茶色素的溶解速度就越快。因此，茶水颜色也越深。

三、分子势能

前述我们已经知道，分子间存在着相互作用力，这种由分子间相互作用所决定的能量，叫作分子势能。宏观上分子势能的大小与物体的体积有关，物体体积改变，物体的分子势能必定发生改变。对于大多数物质而言，体积越大，分子势能也越大。

四、物体的内能

物体内所有分子的热运动动能与分子势能的总和，叫作物体的内能。一切物体都是由做无规则热运动且相互作用的分子组成，因此任何物体都具有内能。内能是物体的一种固有属性。

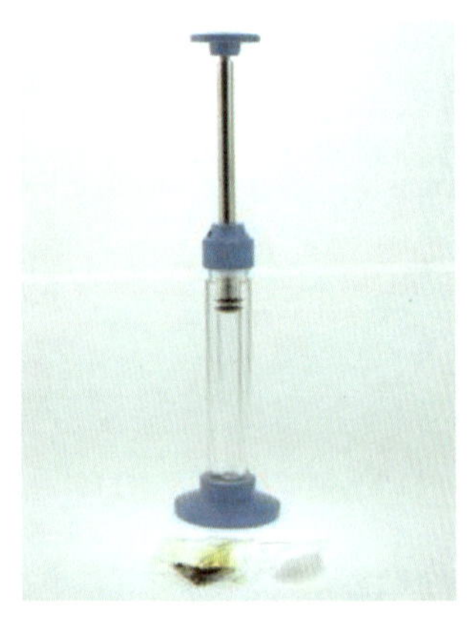

图 3-15 压缩空气引火仪

由于分子平均动能与温度有关，分子势能与体积有关，因此，物体的内能与温度和体积都有关系。那么，怎样改变物体的内能呢？

图 3-15 所示为压缩空气引火仪，在厚壁玻璃筒中放一团蘸有乙醚的棉花，迅速向下压活塞，活塞压缩空气时对空气做功，使空气的内能增大，温度升高，达到乙醚的着火点，从而使棉花燃烧。这说明，对物体做功，可使物体的内能增大，即机械能转化为内能。

图 3-16 炉子烧水

在炉子上放一锅冷水，加热一段时间后，锅中的水温度升高。把锅从炉子上取下来，锅中的热水会逐渐冷却，如图 3-16 所示。这种现象表明，流体内部存在热传递的过程——热对流。热对流是热传递的一种基本形式。此外，热传递还有其他两种基本形式：热传导，如将手放在暖气片上取暖；热辐射，如晒太阳能感觉到暖和。热传递是由于温度差所引起的内能传递的现象，是内能从高温物体传到低温物体，或者从物体的高温部分传递到低温部分的过程。

因此，改变物体内能有两种方式：做功和热传递。当外界对物体做功，物体的内能增加；物体对外界做功，物体的内能减少。当温度升高时，分子动能增加，物体的内能也增加；当温度降低时，分子动能减少，物体的内能也随之减少。

学以致用

在日常生活生产中，我们常常可以观察到物体内能变化的例子。例如，在寒冷的冬天，我们双手相搓会发热；用砂轮磨削金属，砂轮和金属的温度都会升高（图 3–17），这些现象都是利用做功改变物体内能的典型例子。此外，太阳能热水器中的水被加热（图 3–18），烤炉中的食物被烤熟（图 3–19），则都是利用热传递改变物体内能的典型例子。

图 3–17　砂轮磨削金属

图 3–18　屋顶上的太阳能热水器

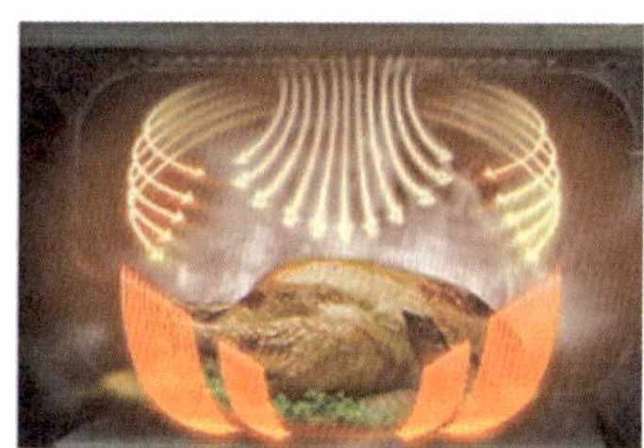

图 3–19　烤炉中烘烤食物

日新月异

2021 年 12 月，我国首台大缸径斯特林发动机基础样机在中国船舶集团七一一所顺利完成功能性试验（图 3–20）。该样机额定功率达到 320 kW，热功转换效率达 40%，这一卓越的性能指标达到了国际顶尖水平。

图 3–20　我国首台大缸径斯特林发动机

斯特林发动机是一种非常重要的热机，由英国物理学家罗巴特·斯特林于 1816 年发明。其主要工作原理是通过气缸内工作介质以冷却、压缩、吸热、膨胀为一个周期的循环过程来输出动力。斯特林发动机具有低噪声和高效率的特点，这使它成为现代潜艇 AIP 水下动力系统的理想选择。

练习与巩固

1. 气象台预报某地某日的最高温度是 37 ℃，换算成热力学温度为多少开尔文？进行低温研究时，热力学温度是 3.5 K，换算成摄氏温度为多少摄氏度？

2.（多选）下列关于物体内能，说法正确的是（　　）。

A. 物体的内能仅与温度有关　　B. 任何物体都具有内能

C. 做功不可以改变物体的内能　　D. 热传递可以改变物体的内能

第三节　能量守恒定律及其应用

观察与探究

水能是一种取之不尽、用之不竭的可再生清洁能源。为了有效利用天然水能，通常需要修建大坝来调节水位（图 3–21）。水力发电具有发电容量大、成本低、清洁环保等诸多优点。水力发电的电能是如何产生的呢？

图 3–21　水电站俯瞰图

一、热力学第一定律

我们已经知道，改变物体内能有两种方式：做功和热传递。但这两种方式有本质上的不同：做功使物体的内能改变，是通过其他形式的能量和内能之间的转化。热传递使物体内能改变，是通过物体间同种形式能量的转移。

仅做功，而不发生热传递时， 外界对物体所做的功（W）等于物体内能的增加量（ΔU）；同理，物体对外界所做的功（W）也等于物体内能的减少量（ΔU）。做功与内能变化的关系为：$\Delta U=W$。

仅发生热传递，而不做功时， 物体从外界吸收多少热量（Q），物体的内能就增加多少（ΔU）；同理，物体释放出多少热量（Q），物体的内能就减少多少（ΔU）。热量与内能变化的关系为：$\Delta U=Q$。

如果物体与外界同时发生做功和热传递的过程，则物体内能的增加量 ΔU 等于外界对物体所做的功（W）与物体从外界吸收的热量（Q）之和，即

$$\Delta U=Q+W$$

这个公式可以表述为：**物体内能的改变量等于外界对物体所做的**

功与外界传递给物体的热量之和。这就是热力学第一定律。

在热力学第一定律中，各物理量的物理意义规定如下：

若外界对物体做功时，$W>0$，W取正号；物体对外界做功时，$W<0$，W取负号。

若物体从外界吸热时，$Q>0$，Q取正号；物体向外界放热时，$Q<0$，Q取负号。

若物体内能增加时，$\Delta U>0$，ΔU取正号；物体内能减小时，$\Delta U<0$，ΔU取负号。

热力学第一定律不仅反映了做功和热传递这两种方式在改变物体内能上是等效的，而且给出了内能的变化量与做功和热传递之间的定量关系，即：做功和热传递提供给物体多少能量，物体的内能就增加多少，能量在转化和转移过程中是守恒的。

思考与讨论

在工程领域，热力学第一定律被广泛应用于各种热力设备的设计和优化中。例如，在蒸汽机、内燃机等设备的运行中，热力学第一定律表现为：系统从外界吸收的热量一部分通过对外界做功转化为机械能，另一部分转化为系统的内能而使设备的温度升高。那么在空调、冰箱等制冷设备中，是如何遵循热力学第一定律的呢？

二、能量守恒定律

前述我们已经知道，能量是物质所具有的基本物理属性之一，是物质运动的统一量度。不同的物质有不同的运动形式，每种运动形式都有一种对应的能量，也就是说能量以多种不同的形式存在，例如，机械能、化学能、电能、磁能、光能、核能等。不同形式的能量之间可以通过物理过程或化学反应相互转化，例如，通电后的灯泡发光、发热，是电能转化为光能和热能；水力发电站或火力发电站中，水的机械能或煤、石油、天然气的化学能转化为电能等。

19 世纪 40 年代，迈尔、焦耳和亥姆霍兹等科学家经过长期的实验探索，共同总结出以下规律：

能量既不会凭空产生，也不会凭空消失，它只能从一种形式转化为另一种形式，或者从一个物体转移到另一个物体，在转化或转移过

程中其总量不变。这就是能量守恒定律。这是自然界普遍适用的最基本规律，它也是19世纪自然科学领域三大发现之一，被恩格斯称为“伟大的运动基本规律”。

知识拓展

热力学第一定律是能量守恒定律的一个特例。它表明，在任何热力学过程中，能量的形式可能会发生变化，但能量的总量保持不变。尽管热力学第一定律在描述能量转化方面非常有效，但它无法告诉我们哪些过程是自动发生的，哪些过程需要外部干预才能发生。

为了解决这个问题，我们需要引入热力学第二定律，它描述了能量转换的方向性和不可逆性。

热力学第二定律有两种表述方式，一种是克劳修斯表述：热量不能自发地从低温物体传递到高温物体。另一种为开尔文表述：不可能从单一热源吸取热量使之完全转换为有用的功而不产生其他影响。这意味着，在能量转换过程中，总会有一部分能量以热能的形式散失到环境中，无法完全转化为机械能或其他形式的可用能量。

学以致用

在人类发展的历史进程中，为了满足生产对动力日益增长的需要，许多人曾致力于设计和制造一种机器。这种机器不需要消耗燃料，却可以源源不断地对外做功，被称为第一类永动机，如图3–22所示。第一类永动机所追求的是某物质循环一周回复到初始状态，不吸热却向外放热或做功。然而，经过多次尝试，做了各种努力，永动机无一例外地归于失败。科学家从这一否定的结论中开始思考并寻找失败的原因，进而发现了能量守恒定律。

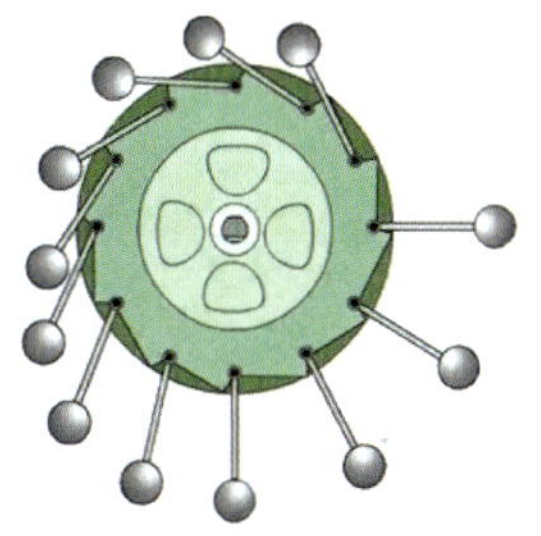

图3–22　第一类永动机

日新月异

随着我国经济持续快速发展，人民生活水平不断提高，对能源的需求量也在持续扩大。然而，常规能源大多日渐枯竭，而且粗放式的能源利用带来了严重的环境污染。因此，开发新的能源，建设清洁、低碳、安全、高效的现代能源体系迫在眉睫。

太阳能既是一次能源，又是可再生能源。它资源丰富，又无须运输，对环境无任何污染。利用太阳能可以进行光伏发电、光热发电等（图 3–23）。

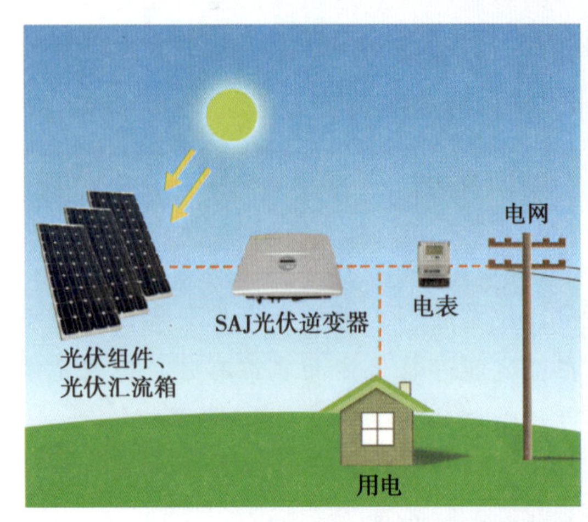

图 3–23　太阳能发电

核能俗称原子能，是原子核里的中子或质子重新分配或组合释放出来的能量。它是人类历史上的一项伟大发现，是人类未来最具希望的能源之一。

风能就是空气流动所产生的动能，是太阳能的一种转化形式。由于太阳辐射使得地球表面各部分受热不均匀，引起大气层中压力分布不平衡，在水平气压梯度的作用下，空气沿水平方向运动形成风。风能是可再生的清洁能源，储量丰富且分布广泛。

海洋能是指依附在海水中的可再生能源。海洋通过各种物理过程接收、储存和释放能量，这些能量以潮汐能、波浪能、温差能、盐差能、海流能等形式存在于海洋中。

练习与巩固

1. 一个小气泡从水池底缓慢地上升，气泡与水不发生热传递，而气泡内气体体积不断增大，小气泡在上升的过程中（　　）。

A. 由于气泡克服重力做功，它的内能减少

B. 由于重力和浮力的合力对气泡做功，它的内能增加

C. 由于气泡内气体膨胀对外做功，它的内能增加

D. 由于气泡内气体膨胀对外做功，它的内能减少

2. 一个木块沿粗糙斜面匀速滑下（斜面足够长，忽略空气阻力），关于物体的机械能、内能和总的能量的变化，下列判断中正确的是（　　）。

A. 物体的机械能和内能都不变，总的能量不变

B. 物体的机械能减小，内能不变，总的能量减小

C. 物体的机械能增大，内能增大，总的能量增大

D. 物体的机械能减小，内能增大，总的能量不变

融会贯通

本章主要介绍了分子动理论、物体的内能以及能量守恒定律及其应用等知识内容。在分子动理论部分，重点是掌握布朗运动，固体、液体及气体的分子结构特点，物体体积变化时分子间作用力的变化关系；难点是关于分子间作用力的判断。物体的内能部分重点是掌握内能的含义，知道物体的内能是分子动能和分子势能的总和，掌握热力学温标和摄氏温标之间的关系，理解做功和热传递是改变物体内能的两种等效方式。难点是理解物体温度与分子平均动能之间的关系：分子平均动能越大，分子热运动越剧烈，物体的温度越高。能量守恒定律及其应用部分，热力学第一定律的概念和公式运用既是重点也是难点。

在学习能量守恒定律的过程中，学生需要理解封闭系统的概念。这有助于学生形成系统观念，学会从系统的角度分析和解决问题。能量守恒定律的应用非常广泛，涉及力学、电磁学、热学等多个物理学领域。学生在学习过程中需要不断探索和创新，将所学知识应用于生产生活实践中。

第四章

直流电及其应用

在人类探索和利用电能的历程中，直流电作为最基础的电流形式之一，始终扮演着举足轻重的角色。从最初的科学发现到如今的广泛应用，直流电以其稳定、可靠且高效的特性，不仅见证了电气技术的飞速发展，更在多个领域展现出了广阔的应用前景和巨大的发展潜力。随着科技的进步和社会的发展，直流电的应用范围还将不断扩大，为人类的生产和生活带来更多便利和效益。

本章将从电流的定义出发，深入探讨全电路欧姆定律及在生产生活中的应用，同时介绍指针式万用表及数字万用表的使用方法。

学习目标

1. 了解电流、电阻、电压的概念，知道金属导体电阻的大小与导体的长度、横截面积及材料有关。

2. 了解电源电动势及内阻的概念，并能列举生活中各种常见直流电源（如各类电池）的电动势大小。

3. 理解全电路欧姆定律，了解全电路欧姆定律在生活生产中的应用，并能进行简单计算。

4. 练习使用万用表，能够使用万用表测量电阻、直流电流、直流电压。

5. 理解直流电在现代社会中的重要地位和作用，培养科学思维，提升解决问题的能力，树立社会责任感，增强环保意识。

第一节　电流与电阻

观察与探究

王老师购置了新房，正在装修。家里计划配置电脑、空调、冰箱、微波炉、电烤箱等多种电器。王老师到建材市场购买电线时，看到有很多种规格的导线（图 4–1），他该如何选择合适的导线呢？

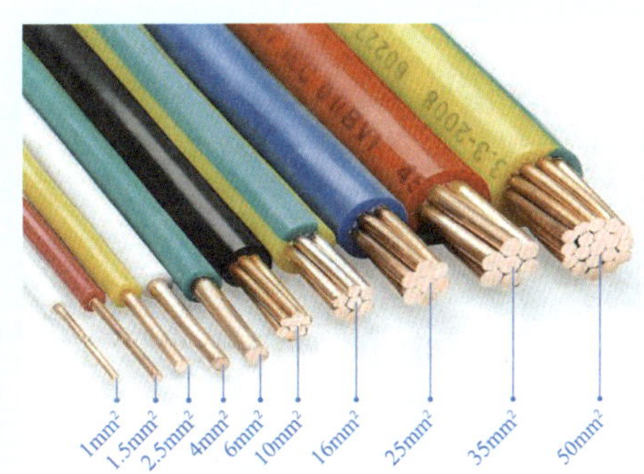

图 4–1　不同规格的电线

一、电流

自来水管中的水要形成水流，至少要满足三个条件：有水，有水管，有水压。类似于水流的形成，电流的形成也要满足三个条件：要有能够自由移动的电荷，要有导体，要有电压。

我们在初中学过，金属导体中能够自由移动的电荷是自由电子，电解质溶液（酸、碱、盐的水溶液）中的自由电荷是正、负离子。

通常情况下，导体中的自由电子在永不停息地做无规则的热运动，如图 4–2 所示。由于自由电子向各个方向运动的机会相等，所以无法形成定向移动的电流。

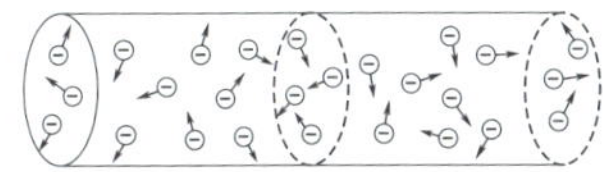

图 4–2　导体中的自由电子分布

当导体两端分别与电源两极连接，构成闭合电路时，导体两端就产生了电压，在电压的作用下，自由电子发生定向移动，形成**电流**（图 4–3）。

导体中定向移动的电荷可以是正电荷，也可以是负电荷，或者是正、负电荷同时沿相反方向移动。**在物理学中，规定正电荷定向移动的方向为电流的方向。**

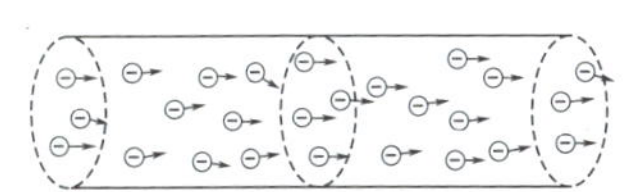

图 4–3　导体中自由电子定向移动形成电流

为反映电流的强弱（大小），把通过导体横截面的电荷量 Q

与所用时间 t 的比值，称为电流 I，则

$$I=\frac{Q}{t}$$

在国际单位制中，电流的单位是安培，简称安，符号是 A。常用的电流单位还有毫安（mA）和微安（μA），它们与安培（A）的换算关系为：$1\ \mathrm{A}=10^3\ \mathrm{mA}=10^6\ \mathrm{\mu A}$。电流的强弱（大小）可以使用电流表进行测量。

二、电阻

导体的电阻是导体本身的一种性质，电阻的大小与导体的材料、长度和横截面积有关。实验表明，**导体的电阻 R 与导体的长度 l 成正比，与它的横截面积 S 成反比，这就是电阻定律，**即

$$R=\rho\frac{l}{S}$$

在国际单位制中，电阻的单位是欧姆，简称欧，符号是 Ω。常用的电阻单位还有千欧（kΩ）和兆欧（MΩ），它们与欧姆（Ω）的换算关系为：$1\ \Omega=10^{-3}\ \mathrm{k\Omega}=10^{-6}\ \mathrm{M\Omega}$。

式中 ρ 叫作**电阻率**，是反映导体导电性能的物理量，它与导体的材料有关，它的国际单位制单位是欧姆·米（Ω·m）。

表 4-1 是几种常见材料在温度为 20 ℃时的电阻率，从表中可以看出，有些材料电阻率很小（$10^{-8}\sim10^{-6}$ Ω·m），如银、铜、铝等金属材料，适合做导体，用于输电、用电线路中；有些材料电阻率很大（大于 10^8 Ω·m），如陶瓷、电木、橡胶等材料，适合做绝缘体，用于电器、导线、电工工具的绝缘部分；电阻率介于导体和绝缘体之间的材料称为半导体，典型的半导体有硅、锗、砷化镓、锑化铟等。

表 4-1　温度为 20 ℃时常见材料的电阻率

材料	电阻率 /（Ω·m）	材料	电阻率 /（Ω·m）
银	1.6×10^{-8}	康铜合金	5.0×10^{-7}
铜	1.7×10^{-8}	纯锗	4.7×10^{-1}
铝	2.9×10^{-8}	纯硅	2.3×10^{3}
钨	5.7×10^{-8}	硬质陶瓷	$10^{12}\sim10^{13}$
铁	1.0×10^{-7}	电木	$10^{10}\sim10^{14}$
锰铜合金	4.4×10^{-7}	橡胶	$10^{13}\sim10^{16}$

学以致用

在家庭装修选择电线时，要根据用电器工作电流的大小来选择合适的电线。一般选择电阻较小的铜导线。照明电路常选用横截面积为 1.5 ~ 2.5 mm^2 的电线，插座常选用横截面积为 2.5 mm^2 的电线，空调、热水器常选用横截面积在 4 ~ 6 mm^2 的电线，进户线需承载整个家庭所有用电器的总电流，通常选择横截面积为 10 mm^2 的电线。

各种材料的电阻率都随温度而变化。金属的电阻率随温度的升高而增大，利用这一特性可以制成电阻温度计。在各类电路中，常常需要接入电阻器元件，用以控制电路中的电流、电压等。电阻值随温度变化较小或者几乎不变的称为定值电阻器，电阻值可以在一定范围内进行调节的称为可调电阻器。图 4–4 所示为常见定值电阻器，图 4–5 所示为常见可调电阻器。

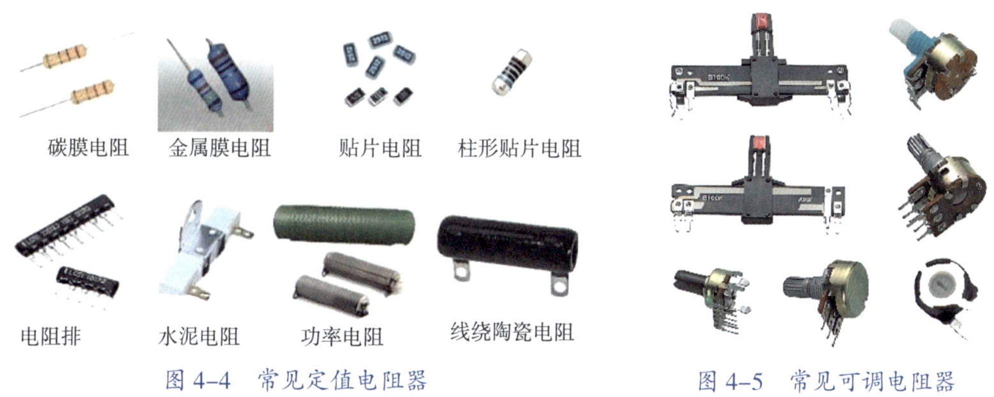

图 4–4　常见定值电阻器

图 4–5　常见可调电阻器

德国物理学家欧姆通过实验发现，通过导体的电流 I 与导体两端的电压 U 成正比，与导体的电阻 R 成反比。这就是部分电路**欧姆定律**，用公式表示为

$$I=\frac{U}{R}$$

部分电路欧姆定律适用于金属导体及电解质溶液，但对**气态导体、晶体管、电动机、电解槽等并不适用。**

思考与讨论

小明认为由欧姆定律公式 $I=\frac{U}{R}$，可以得到 $R=\frac{U}{I}$，根据这个公式可知，电压越大，导体的电阻越大；小红却说：由电阻定律公式 $R=\rho\frac{l}{S}$，可知导体的电阻只与导体的长度、横截面积以及电阻率有关，与电压和电流无关。你认为谁的说法正确，为什么？

知识拓展

半导体指常温下导电性能介于导体与绝缘体之间的材料。半导体在日常通信、工业制造以及人工智能等领域有着广泛的应用。半导体的导电性可以由外界条件来控制，如温度、光照、压力等。利用这些特性，人们可以制造出热敏电阻、光敏电阻、压敏电阻、晶体管等各种电子元件，并进一步发展成集成电路、超大规模集成电路。常见的半导体材料有硅、锗、砷化镓等，其中，硅的应用最为广泛。

日新月异

超导体，又称为超导材料，是指在某一温度以下，兼具绝对零电阻和完全抗磁性这两个独立特性的导体。

我国在超导领域取得了显著的成就，涵盖超导加热装置、超导加速模组、超导材料制备、超导技术应用等多个领域。

1. 超导加热装置

2023 年，世界首台兆瓦级高温超导感应加热装置在我国正式投用，这一技术的突破展示了我国在超导技术领域的创新能力。该装置可以将一根重达 500 多千克的铝棒，在短短 10 分 17 秒内从 20 ℃加热到 403 ℃，相比传统的电阻炉，加热时间至少缩短了 9 个小时，这一成就标志着我国在超导技术应用方面的重大进步。

2. 超导加速模组

2023 年，我国研制的高品质因数 1.3 GHz 超导加速模组取得了世界领先成果，这一成果不仅展现了我国在超导加速模组设计和制造方面的能力，也体现了我国在超导技术应用领域的创新能力。

3. 超导材料制备

我国在全球超导技术发展中扮演着重要角色，是全球超导第一大技术来源国，占全球超导专利总申请量的82.83%。我国在超导材料的制备、超导线材的生产、超导磁体的设计等方面也取得了显著的进步和突破。例如，西部超导是全球唯一能够批量生产多种超导线材的企业，青岛汉缆则是全球最大的高温超导电缆生产商。

4. 超导技术应用

我国在超导技术的应用领域同样展现出强大的竞争力和创新能力，尤其在电力、医疗、交通等领域均取得了重大成就和突破。例如，2021年，全球首条超千米级高温超导电缆商业化示范段在上海正式投入运营，标志着中国超导输电应用迈入全球领先行列。

练习与巩固

1. 下面关于导体电阻的说法中，正确的是（　　）。

A. 某导体两端的电压越大，这个导体的电阻就越大

B. 通过导体的电流越大，这个导体的电阻就越小

C. 导体中没有电流时，不可能对电流有阻碍作用，此时导体没有电阻

D. 导体的电阻与电压、电流无关

2. 有一根金属导线，如果把它均匀拉长到原来的两倍，其电阻变成原来的______倍。若给它施加相同的电压，通过的电流变为原来的______倍。

第二节　全电路欧姆定律

观察与探究

小明同学发现傍晚时教室的灯光比较暗，而到深夜时教室的灯光却比较亮，发生这一现象的原因是什么呢？

一、电源

电路中要形成持续的电流，必须要有一种装置提供电能。我们将能把其他形式的能转化成电能的装置称为**电源**。常用的干电池、蓄电池、锂电池能通过化学反应将化学能转化为电能；生活生产中使用的大部分电能都来自发电厂的发电机组，发电机组将机械能转化为电能。图 4–6 所示为各种类型的电源。

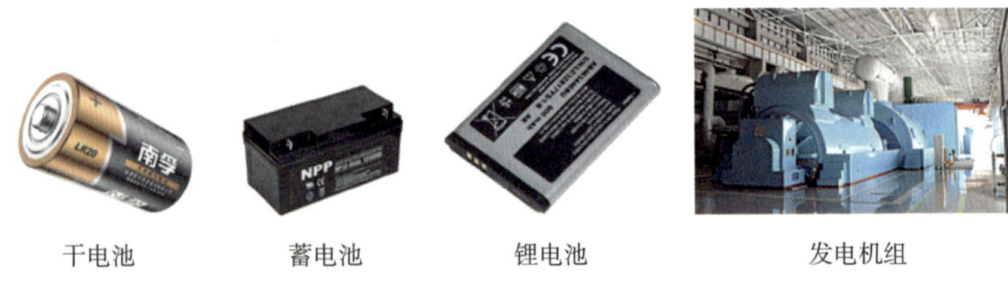

干电池　　蓄电池　　锂电池　　发电机组

图 4–6　各种类型的电源

二、电动势

电源有正、负两个极，其作用是向电路提供电压。在电源内部，正电荷从负极流向正极，这是在一种非静电力作用下的结果。在物理学上，我们把非静电力在电源内部将正电荷从电源负极移到正极所做的功 $W_{非}$ 与被移送的电荷量 q 的比值，称为电源的**电动势**，用符号 E 表示。即

$$E=\frac{W_{非}}{q}$$

电动势 E 反映出电源将其他形式的能转化为电能的能力大小，这种能力是由电源本身的性质决定的，与外电路无关。电源电动势在数值上等于电源没有接入电路时两极间的电压。电动势的单位与电压一样，也是伏特（V）。常见的电源电动势有 1.5 V、3 V、9 V、12 V、24 V、48 V、220 V、380 V 等。

知识拓展

非静电力是指在电源内部将正电荷从负极搬运到正极的过程中所需要的力。在干电池或蓄电池中，非静电力主要由化学反应提供。这些化学反应在电源内部释放出能量，推动电荷移动，从而将化学能转化为电能。

三、全电路欧姆定律

图 4-8 所示的简单电路由电源（电池）、开关 S、小灯泡 L、导线组成。这个电路可以分成两部分：电源正、负极以外的电路部分，包括导线、开关 S、小灯泡 L 等，称为外电路；电源内部的电路，例如电池内的溶液、发电机的线圈等，称为内电路。

外电路两端的电压，即电源两极间的电压，称为**路端电压**，也称**外电压**，用 U 表示。外电路的电阻称为**外电阻**，用 R 表示。电源内部（内电路）也存在电阻，称为**内电阻**，简称**内阻**，用 r 表示。在电路图中一般不画出内阻，但要标注出来，因为在进行全电路分析应用时要考虑内阻对电路的影响。

内电路和外电路合起来称为**全电路**，也称**闭合电路**。图 4-7 所示的电路可以等效于图 4-8 所示的全电路。在这个全电路中，电源电动势为 E，内电阻为 r，外电阻为 R。当开关 S 断开时，电路路端电压等于电源的电动势 E；当开关 S 闭合时，电路中有电流 I 通过，这时内电路电势降落为 Ir，路端电压 U 为

$$U=E-Ir$$

当外电路只接电阻元件情况下，流过的电流 $I=\frac{U}{R}$，代入上式后可得

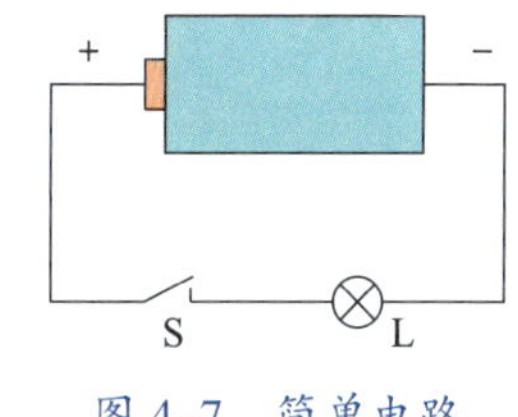

图 4-7　简单电路

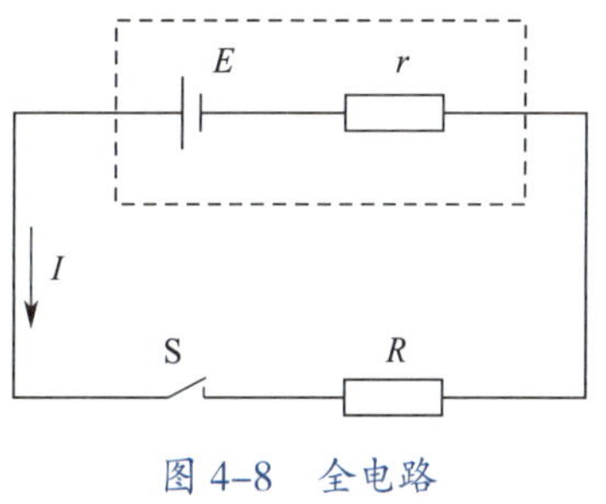

图 4-8　全电路

$$I=\frac{E}{R+r}$$

上式表明，**在外电路只接电阻元件的情况下，通过闭合电路的电流与电源电动势成正比，与内、外电路的电阻之和成反比，这就是全电路欧姆定律**。

例题 1

在图 4–9 所示的电路中，$R_1=14\ \Omega$，$R_2=9\ \Omega$，当开关 S 置于 1 时，电流表读数 I_1 为 0.2 A，当开关 S 置于 2 时，电流表读数 I_2 为 0.3 A，试计算电源电动势 E 和内电阻 r。

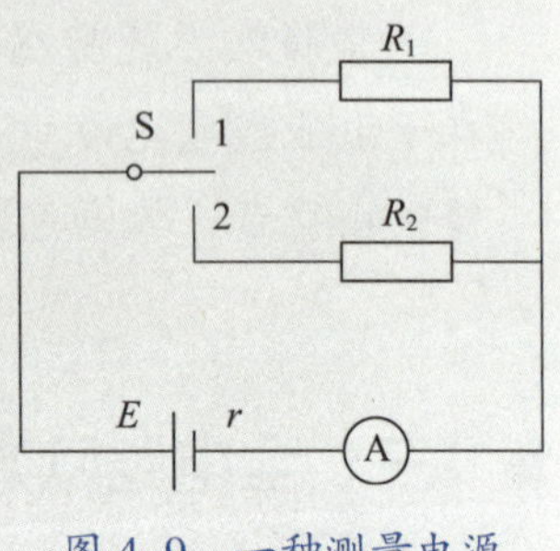

图 4–9 一种测量电源电动势和内阻的电路

解： 当开关置于位置 1 时，根据全电路欧姆定律，得

$$E=I_1(R_1+r)$$

当开关置于位置 2 时，根据全电路欧姆定律，得

$$E=I_2(R_2+r)$$

所以 $$I_1(R_1+r)=I_2(R_2+r)$$

整理可得 $$r=\frac{I_1R_1-I_2R_2}{I_2-I_1}$$

代入已知条件得 $$r=\frac{0.2\times 14-0.3\times 9}{0.3-0.2}\ \Omega=1.0\ \Omega$$

$$E=I_1(R_1+r)=0.2\times(14+1.0)=3.0\ \text{V}$$

思考与讨论

蓄电池在燃油汽车、电动汽车以及电动摩托车中应用非常广泛。作为直流电源，蓄电池的内阻对电池的性能有着较大的影响，那么你认为蓄电池的内阻是越大越好，还是越小越好呢？请说明理由。

学以致用

傍晚时分，家家户户都开始用电，即处于用电高峰期。生活生产中的各类用电器都是并联在电路中的，接入电路中的用电器增多使得外电路总的电阻变小，从而导致电路上的电流 I 变大。而此时发电厂输出的电压保持恒定（即电源电动势 E、内电阻 r 不变），根据 $U=E-Ir$，路端电压 U 相应降低，导致用电器实际功率降低，因此灯光较暗。而到了深夜，用电器使用数量减少，外电路总电阻增大，路端电压升高，因此，用电器实际功率增加，灯光变亮。

四、全电路欧姆定律的应用

由欧姆定律可知 $U=IR$，而根据全电路欧姆定律可得 $E=I(R+r)=U+Ir$，所以路端电压

$$U=E-Ir=E-\frac{E}{R+r}r$$

对于某一电源来说，电动势 E 和内阻 r 都是定值。由上式可知，路端电压 U 随外电阻 R 的变化而变化。**外电阻增大，路端电压也增大；外电阻减小，路端电压也减小。**当电路接通时，路端电压 U 总是比电源电动势 E 小。

例题 2

图 4-10 所示为手电筒电路图。手电筒使用 2 节 1 号干电池（电动势是 1.5 V）串联起来作为电源。手电筒内的小灯泡的额定电压为 2.5 V，额定电流为 0.3 A，按下开关后，小灯泡正常发光。

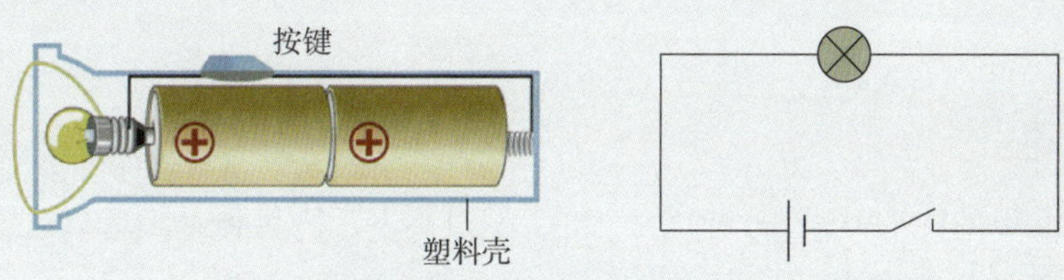

图 4-10　手电筒电路图

（1）当手电筒不工作时，电源两端电压是多大？为什么小灯泡的额定电压是 2.5 V 而不是 3 V？

（2）小灯泡正常工作时的电阻是多大？电池组的内电阻又是多大？

解： 手电筒电源电动势 $E=2\times 1.5\ \text{V}=3\ \text{V}$。

（1）当手电筒不工作时，电路处于断路状态，路端电压等于电源电动势，即 3 V。当小灯泡**正常发光时，小灯泡上的电压即为额定电压**。按下开关，小灯泡正常发光，说明电路中有电流流过，**由于电源存在内阻**，内电路上有电势降落，**使得路端电压比电源电动势要小**，所以小灯泡的额定电压是 2.5 V 而不是 3 V。

（2）根据欧姆定律，小灯泡正常工作时电阻为 $R=\dfrac{U}{I}=\dfrac{2.5}{0.3}\approx 8.3\ \Omega$

由路端电压 $U=E-Ir$，得 $r=\dfrac{E-U}{I}=\dfrac{3-2.5}{0.3}\ \Omega\approx 1.7\ \Omega$

当外电路断开时，电路中电流 I 为 0，外电阻为无穷大（图 4-11），此时，$U=E$，**即电路断路时，路端电压等于电源的电动势**。

当外电阻等于 0，即 $R=0$ 时，路端电压 $U=IR=0$，**电路处于短路状态**（图 4-12）。这时流过电路的电流 $I=\dfrac{E}{r}$，通常电源内阻都比较小，在 0.005 ~ 0.1 Ω 之间，所以短路时电流 I 很大，不但会烧坏电源，还可能会引起火灾，所以绝不允许将电路短路。

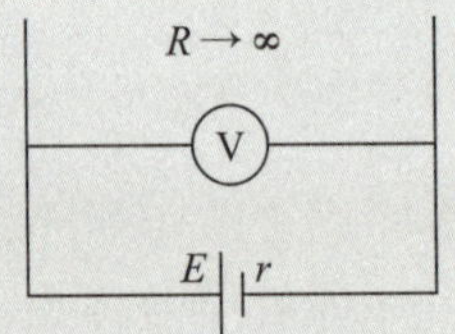

图 4-11　电路处于开路状态

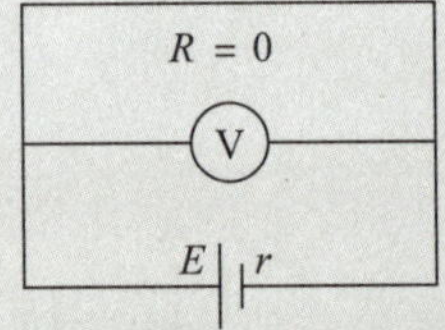

图 4-12　电路处于短路状态

例题 3

已知某闭合电路电源的电动势 $E=1.5\ \text{V}$，内电阻 $r=0.2\ \Omega$，外电阻 $R=2.8\ \Omega$，求电路中的电流、路端电压和短路电流。

解： 由全电路欧姆定律得

电路中的电流 $I=\dfrac{E}{R+r}=\dfrac{1.5}{2.8+0.2}\ \text{A}=0.5\ \text{A}$

路端电压 $U=E-Ir=1.5-0.5\times0.2=1.4\ \text{V}$

电路短路时，$R=0$，短路电流 $I_{短路}=\dfrac{E}{r}=\dfrac{1.5}{0.2}=7.5\ \text{A}$

短路电流会瞬间烧坏电源，所以严禁将电源两极短路。

日新月异

新型电源

1. 太阳能电池

将太阳能转化为电能的电池，具有无噪声、无排放、使用寿命长等优势，在众多领域得到广泛应用。

2. 锂电池

以锂金属或锂合金为负极材料的电池，广泛应用于电动汽车、电动工具及家电等领域。

3. 燃料电池

利用氢气和氧气等气体进行电化学反应，从而将化学能转化为电能的电池。

4. 锌银电池

采用氢氧化钾或氢氧化钠为电解液，以银作为正极材料，锌作为负极材料的电池。这种电池具有高能量密度、长寿命、无污染等特点，常被应用于电子表、助听器、通信设备、导弹及人造卫星等方面。

练习与巩固

1. 下列选项中，关于闭合电路的说法错误的是（　　）。

A. 电源短路时，电源内电压等于电动势

B. 电源短路时，路端电压为零

C. 电源负载增加时，路端电压也增大

D. 电源断路时，路端电压最大

2. 某闭合电路电源的电动势为 1.5 V，内电阻为 0.12 Ω，外电阻为 1.38 Ω，求电路中的电流和路端电压。

第三节　万用表的使用

观察与探究

小明同学在做电路实验时，需要用到一只阻值为 330 Ω 的电阻，他找到的电阻因为色环颜色模糊，无法精确分辨其阻值（图 4–13），他该怎样确定该电阻的阻值呢？

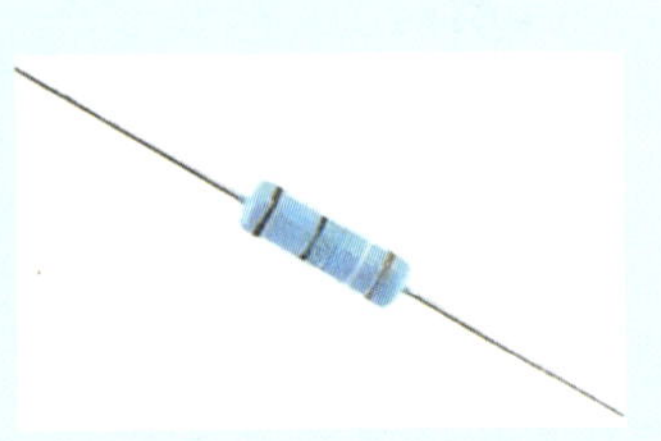

图 4–13　未知电阻

图 4–14　指针式万用表和数字式万用表

万用表，又被称为多用表，是电工电子工作中不可或缺的测量仪表，其主要功能为测量电压、电流和电阻。万用表按显示方式分为指针式万用表和数字式万用表，如图 4–14 所示。

一、万用表的原理

以指针式万用表为例，万用表由表头、测量电路及转换开关这三个主要部分组成，其核心部件是表头（用 G 表示）。表头是灵敏的磁电式直流电流表（微安表），当微小电流流过表头时，表头指针就会发生偏转，此时通过刻度盘就可以读取测量数据。表头不能承受大电流，因此需要在表头上并联或串联一些电阻进行分流或降压，进而测出电路中的电流、电压和电阻。

从电路分析的角度看，表头（G）可视为一个电阻，这个电阻叫表头的内阻，用 R_g 表示。当指针偏转到最大刻度时的电流叫满偏电流，用 I_g 表示。当表头流过满偏电流时，加在表头两端的电压叫满偏电压，用 U_g 表示。根据欧姆定律可知，$U_g=I_gR_g$。

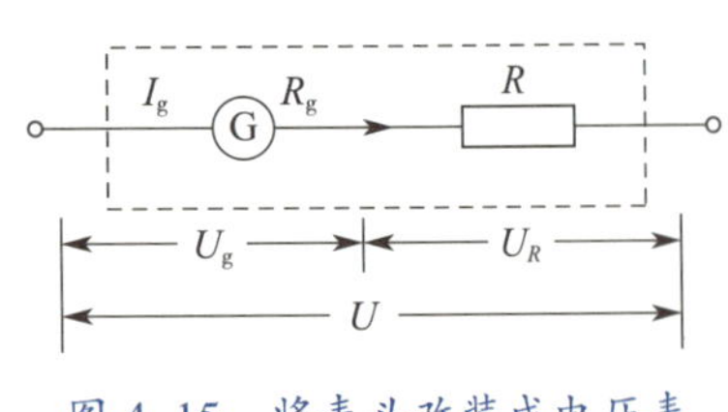

图 4–15　将表头改装成电压表

1. 电压表

图 4–15 所示为将表头改装成电压表的电路图。

根据串联电路的分压原理，在表头 G 上串联一个分压电阻 R，这使表头和分压电阻共同构成了一个能够测量较大电压的电压表。

2. 电流表

图 4–16 所示为将表头改装成电流表示意图。根据并联电路的分流原理，在表头 G 上并联一个分流电阻 R，使表头和分流电阻共同构成了一个能够测量较大电流的电流表。

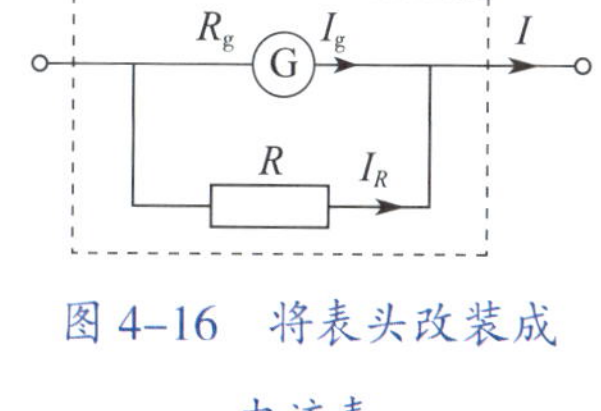

图 4–16　将表头改装成电流表

例题 4

有一表头 G，内阻 $R_g=1\ k\Omega$，满偏电流 $I_g=100\ \mu A$。

（1）将表头 G 变成量程为 2 V 的电压表，要串联一个多大的分压电阻 R？改成电压表后的内阻 R_v 有多大？

（2）将表头 G 变成量程为 1 A 的电流表，要并联一个多大的分流电阻 R？

解：（1）改装成电压表的电路如图 4–15 虚线框所示，根据串联电路分压原理，量程 $U=2\ V$ 的电压表由表头 G 分担满偏电压 U_g，剩余电压由串联的分压电阻 R 分担。

表头 G 的满偏电压 $U_g=I_gR_g=100\times10^{-6}\times1\times10^3=0.1\ V$

所以，分压电阻 R 分担的电压 $U_R=U-U_g=2-0.1=1.9\ V$

由串联电路的分压关系得 $R=\dfrac{U_R}{I_g}=\dfrac{1.9}{100\times10^{-6}}\ \Omega=19\ k\Omega$

改装后电压表的内阻为 $R_v=R_g+R=1\ k\Omega+19\ k\Omega=20\ k\Omega$

将表头 G 变成量程为 2 V 的电压表，要串联一个 19 kΩ 的电阻 R，改成电压表后的内阻 R_v 是 20 kΩ。

（2）改装成电流表的电路如图 4–16 虚线框所示，根据并联电路分流原理，量程为 1 A 的电流表由表头 G 分担满偏电流 I_g，剩余电流由并联的分流电阻 R 分担。当通过表头 G 的电流为满偏电流 I_g 时，通过分流电阻 R 的电流 $I_R=I-I_g=1-100\times10^{-6}=0.999\ 9\ A$。由并联电路的分流关系得

$$R=\frac{U_R}{I_R}=\frac{R_gI_g}{I_R}=\frac{1\times10^3\times100\times10^{-6}}{0.999\ 9}\ \Omega=0.1\ \Omega$$

将表头 G 变成 1 A 的电流表，要并联一个 0.1 Ω 的分流电阻 R。

思考与讨论

一个微安表表头，通过串联一个大电阻，就可以用于测量较大的电压；通过并联一个小电阻就可以用于测量较大的电流。现在手中有一个内阻为 1 000 Ω、满偏电流 100 μA 的微安表表头，和若干 10 Ω 和 2 000 Ω 的电阻，是否可以通过串、并联的组合，将微安表表头改装成一个既能测大电流也能测高电压的电表。你的办法是什么？说说理由。

二、万用表的使用

1. 万用表测量时的注意事项

使用万用表测量前要先了解万用表常用符号的含义（表 4–2），确保测量时选对挡位。

表 4–2 万用表常用符号的含义

符号	符号含义
A	电流 / 安
V	电压 / 伏
Ω	电阻 / 欧姆
AC、~	交流电
DC、⎓	直流电
+	红表笔插孔（正极）
–、COM	黑表笔插孔（负极、公共端）
0 Ω ADJ	电阻挡调零旋钮

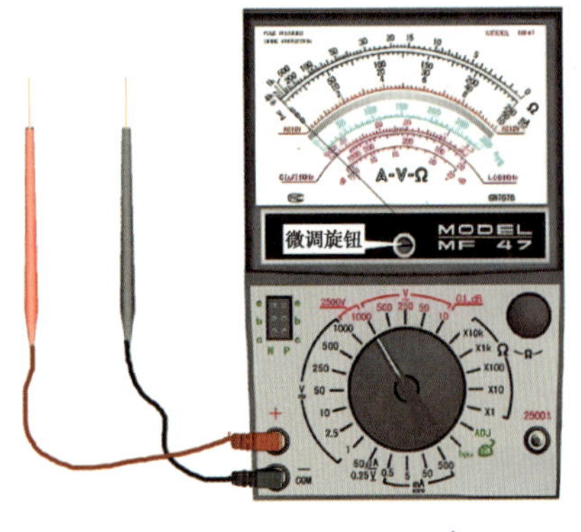

图 4–17 指针式万用表

使用万用表进行测量时，要将红表笔插入正（+）表笔插孔，黑表笔插入负（–COM）表笔插孔。测量前，要先检查指针是否指向刻度盘左侧零位。如果指针没有指向零位，则应使用一字旋具转动表盘下中间的微调旋钮，使指针与刻度零位对齐，如图 4–17 所示。测量时还需注意：万用表量程的选择一般使指针转动的角度不小于最大刻度的 30%；使用万用表的过程中，不得用手接触表笔金属部分，以确保测量准确和人身安全；万用表使用完毕，要将量程开关旋至交流电压的最大挡位处。

2. 电阻的测量

将量程开关拨至电阻挡相应挡位，然后将红、黑表笔笔尖接触短路，调节电阻挡调零旋钮，使指针指向表盘右侧电阻刻度线的零位，如图 4–18 所示，然后将红黑表笔分开，与待测电阻两端相接进行测量，如图 4–19 所示。注意测量电阻时必须**断开电源，不得带电测量**。

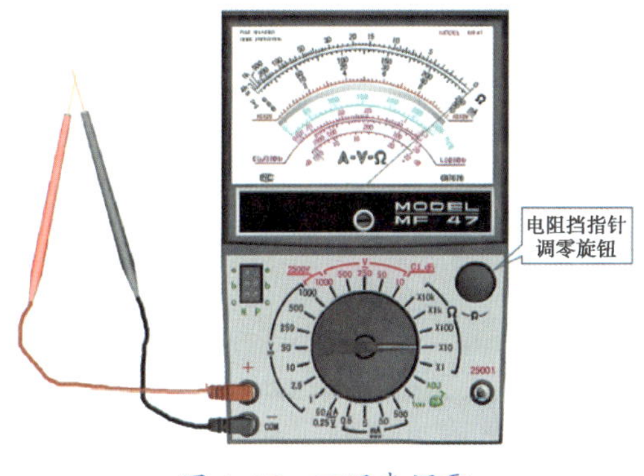

图 4–18　万用表调零

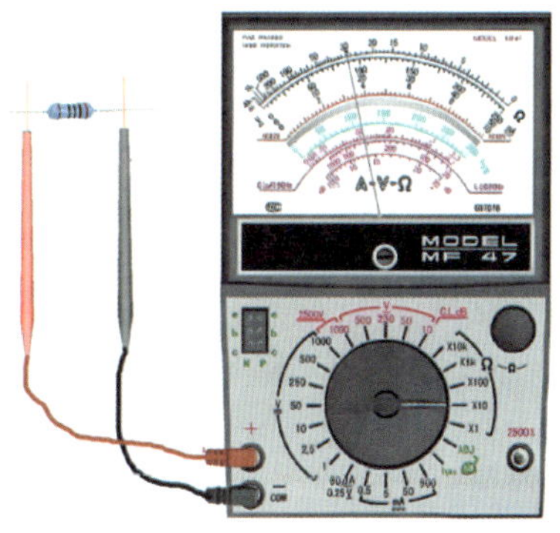

图 4–19　测量电阻

根据被测电阻的大小，表针停在欧姆刻度线（最上边一条标有 Ω 的刻度线）的某一位置，读取表针所指示的数值，然后乘以选挡开关所在挡的倍数，即为该电阻的阻值。比如表针指在 30，而此时选挡开关在 ×10 挡的位置上，则所测电阻的阻值为 30×10=300 Ω。

3. 电流的测量

将万用表量程开关转至 DCmA 相应量程上，如图 4–20 所示，将万用表串联到电路上，红表笔接到靠近电源正极的一端，黑表笔接到靠近电源负极的一端。读取表盘最上边第二条标有 DCmA 的刻度线的数值。

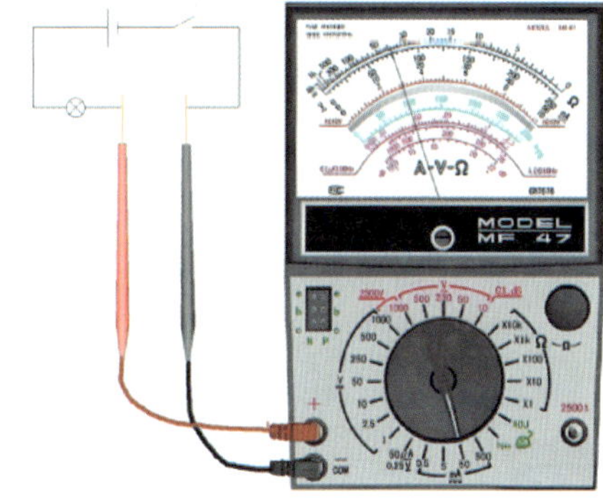

图 4–20　测量直流电流

为不损坏万用表，测量电流时应先“试触”，即把开关合上再立即断开，观察电流表指针瞬间摆动的方向和幅度，**只有在指针的摆向正确且幅度不超过最大表盘示数时**，才能将开关闭合，读取测量数据。

4. 电压的测量

电压测量分为直流电压测量和交流电压测量。进行直流电压测量时，将量程开关转至 DCV 相应量程上。如图 4–21 所示，将万用表并联到待测元件两端上，红

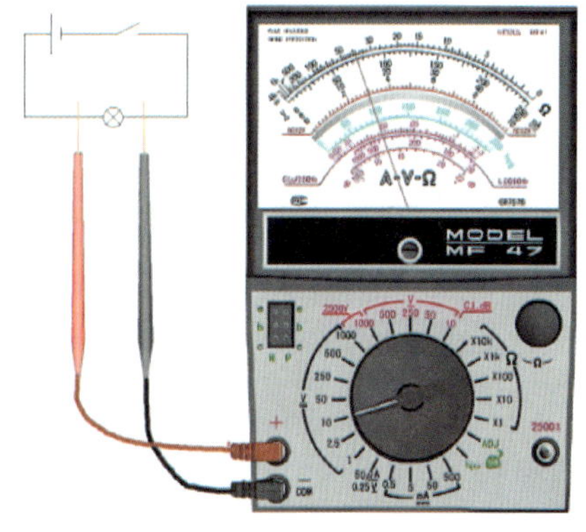

图 4–21　测量直流电压

表笔接到靠近电源正极的一端，黑表笔接到靠近电源负极的一端。读取表盘最上边第二条标有 DCV 的刻度线的数值。

进行交流电压测量时，将量程开关转至 ACV 相应量程上。将万用表并联到待测元件两端上，由于交流电没有固定的正负极，所以红黑表笔接入电路测量时不需分正、负极。读取表盘最上边第二条标有 ACV 的刻度线的数值。

注意电压值的测量也要先“试触”。在测量过程中，不能触碰表笔金属触针，以确保测量准确和人身安全。

知识拓展

万用表使用口诀

1. 测量先看挡，不看不测量

每次拿起表笔准备测量时，务必先核对测量类别及量程选择开关是否拨对位置，必须养成这种习惯。

2. 测量不拨挡，测完拨空挡

测量中不能任意拨动选择旋钮，特别是测高压（如 220 V）或大电流（如 0.5 A）时，以免产生电弧，烧坏转换开关触点。测量完毕，应将量程选择开关拨到空挡位置。

3. 表盘应水平，读数要对正

使用万用表应水平旋转，读数时视线应正对着表针。

4. 量程要合适，针偏过大半

选择量程，若事先无法估计被测量的大小，应尽量选较大的量程，然后根据偏转角大小，逐步换到较小的量程，直到指针偏转到满刻度的 2/3 左右为止。

5. 测 R 不带电，测 C 先放电

严禁在被测电路带电的情况下测电阻。测量电器设备上的大容量电容器时，应先将电容器短路放电后再测量。

6. 测 R 先调零，换挡需调零

测量电阻时，应先将转换开关旋到电阻挡，把两表笔短接，旋转“Ω”调零电位器，使指针指 0 Ω 后再测量。每次更换电阻挡时，都应重新调整欧姆零点。

7. 黑负要记清，表内黑接“+”

万用表红表笔为正极，黑表笔为负极，但电阻挡上黑表笔接内部电池的正极。

8. 测 I 要串联，测 U 要并联

测量电流时，应将万用表串联在被测电路中；测量电压时，应将万用表并联在被测电路的两端。

9. 极性不接反，单手成习惯

测量电流和电压时，应特别注意红、黑表笔的极性不能接反。为了确保安全，一定要养成单手操作的习惯。

学以致用

小明搭建了一个简单电路（图 4–22），已知电源电动势约为 5 V，闭合开关 S，发现灯泡 L 不亮。小明将万用表量程开关转至 DCV 10 V 的量程上，红表笔接在 d 点，黑表笔接在 a 点，此时万用表读数为 0 V；随后，将黑表笔移到 b 位置，万用表读数也为 0 V；但将黑表笔移到 c 位置，万用表读数为 4.5 V。由此可判断该电路的故障为灯泡被短路。

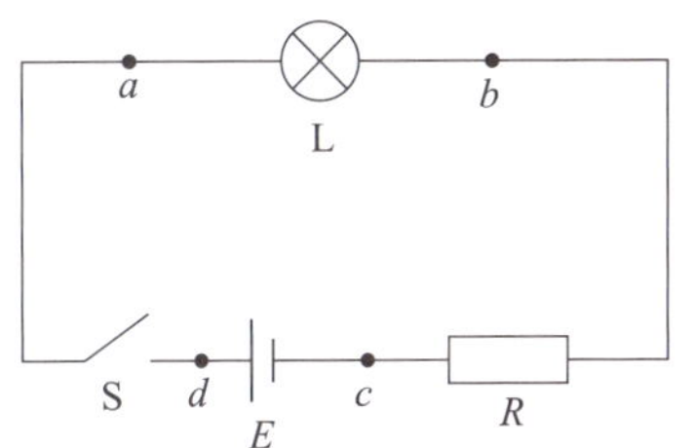

图 4–22 使用万用表判断电路故障

日新月异

直流电机是一种能将直流电能转换成机械能的设备（图 4–23），具有可控性强且转换效率高等特点。它的工作原理是，利用磁场对通电导体产生的力，驱使电机转动。通过改变电流方向或磁场方向，可以控制直流电机的转速和转向，这使直流电机在需要精确控制转速和转向的应用场景中，具有独特的优势。

图 4–23 直流电机转子

直流电机在家用电器、交通运输和工业自动化等多个领域都有广泛的应用。在家用电器领域，许多电动工具和小型家用电器都采用了直流电机作为驱动装置。在交通运输领域，直流电机被广泛应用于电动汽车、电动自行车等交通工具。在工业自动化领域，直流电机被用于驱动各种机械设备，如机床、泵、风机等。

此外，直流电机在新能源汽车领域同样拥有广泛的应用前景。随着全球大多数国家对节能和环保的日益重视，新能源汽车市场将迎来快速增长。而直流电机作为新能源汽车的核心部件之一，也将迎来更加广阔的发展空间。

练习与巩固

1.（多选）如图 4–24 所示，甲、乙两个电路都是由一个灵敏的电流计 G 和一个变阻器 R 组成，其中一个是测电压的电压表，另一个是测电流的电流表。那么，以下结论中正确的是（　　）。

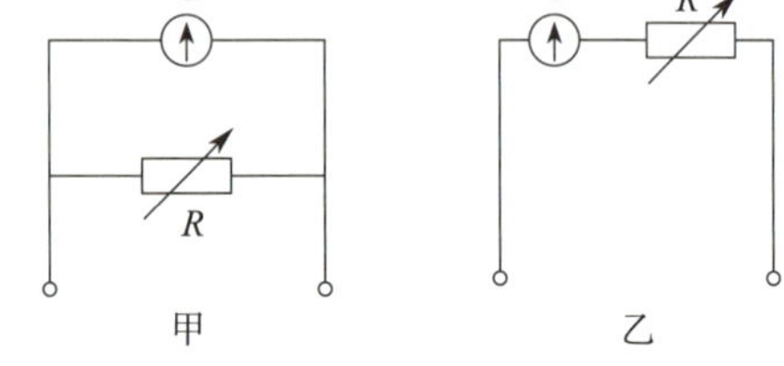

图 4–24　由灵敏电流计 G 和变阻器 R 改装的电表

A. 甲表是电流表，R 增大时量程增大

B. 甲表是电流表，R 增大时量程减小

C. 乙表是电压表，R 增大时量程减小

D. 乙表是电压表，R 增大时量程增大

2. 已知电流表的内阻 $R_g=200\ \Omega$，满偏电流 $I_g=500\ \mu A$，为了将该电流表改装成量程为 1.0 V 的电压表，正确的方法是（　　）。

A. 串联一个 0.1 Ω 的电阻　　B. 并联一个 0.1 Ω 的电阻

C. 串联一个 1 800 Ω 的电阻　　D. 并联一个 1 800 Ω 的电阻

融会贯通

本章主要介绍了电流和电阻、全电路欧姆定律以及万用表的使用等知识内容。电流和电阻部分，重点是掌握电阻定律，难点是弄清楚电阻定律和欧姆定律的区别与联系。全电路欧姆定律部分，重点是掌握电源电动势、内阻及路端电压的概念，难点是理解电源电动势和路端电压的区别与联系。万用表的使用部分，重点是掌握万用表的使用方法和注意事项，将微安表表头改装成大量程的电压表或电流表既是重点也是难点。

通过本章的学习，使学生认识到直流电在日常生活、工业生产、科学研究等多个领域中的广泛应用，并能够将物理知识与其他学科知识相结合，解决实际问题。

第五章

电与磁及其应用

电和磁是自然界中两种重要的物理现象，两者存在着紧密的内在联系。从奥斯特发现电流的磁效应，到法拉第提出电磁感应理论，科学家通过不断深入探索，逐步揭示了电与磁之间的奥秘。电场和磁场虽然看不见也摸不着，但它们却无处不在，并对人们的日常生活产生着深刻的影响。例如，手机和计算机等电子设备的运行正是基于电场的作用；磁的应用同样广泛，从古代的指南针到现代的磁悬浮列车，磁的研究在推动科技发展方面发挥着至关重要的作用。那么，电场和磁场究竟是什么？电与磁之间又存在怎样的内在联系呢？

在本章中，我们将深入学习电场和磁场的本质，探索电生磁、磁生电的奥秘，并了解交流电及其在生活中的广泛应用。

学习目标

1. 了解静电现象、起电方法以及电荷守恒定律。理解电场是一种特殊形态的物质，可被实验检验；了解电场强度的定义，会用电场线描述常见的电场。知道静电场中的电荷具有电势能，了解电势的定义及电势差的概念，了解匀强电场中电场强度与电势差的关系。

2. 理解磁场也是一种特殊形态的物质，可被实验检验。知道磁感线是一种物理模型，能用磁感线描述常见的磁场。知道磁感应强度及磁通量的定义，并能进行简单的计算。

3. 知道电流的周围存在磁场，能用安培定则（右手螺旋定则）判断通电直导线和通电线圈周围的磁场方向。了解安培力的概念及计算公式，能利用左手定则判断通电导线在磁场中所受安培力的方向。了解洛伦兹力的概念，知道洛伦兹力和安培力之间的关系。

4. 了解电磁感应现象。了解感应电动势的概念，理解法拉第电磁感应定律，并能进行简单的计算，掌握电动势的公式并能进行简单计算。

5. 了解正弦交流电的产生及变化规律。了解交流电在生产生活中的广泛应用，了解安全用电的基本常识。

6. 通过学习电磁现象和电磁学定律，以及电磁现象中的因果关系，培养学生运用物理定律进行逻辑推理的能力。

第一节 电场 电场强度 电势

观察与探究

人们认识到，自然界中电荷之间存在着相互作用力。当两个带正电的金属小球相互靠近时，二者相互排斥；而当一个带正电的金属小球靠近一个带负电的金属小球时，二者则相互吸引。这两种现象的本质其实是电场的作用，尽管电场看不见、摸不着，但却在生活中广泛存在。那么，电场究竟是什么呢？让我们一起来探索吧！

一、电荷

1. 静电现象

干燥的冬天，晚上睡觉前脱毛衣时，会看到“电火花”，同时听到“啪啪”的声音。我们用梳子梳理干燥的头发时，常常会发现头发被梳子所吸引（图 5–1）。这些现象都是日常生活中常见的**静电现象**。

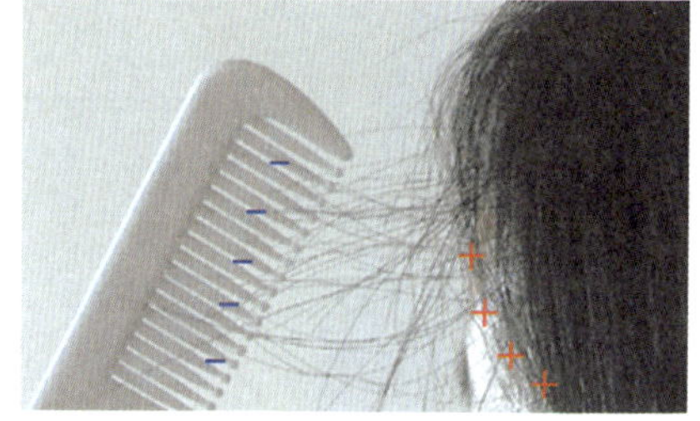

图 5–1 静电现象

2. 电荷

静电现象的本质是物体上产生了电荷。自然界中存在正电荷和负电荷两种电荷，物体所带电荷的多少叫作**电荷量**，简称**电量**，用 Q 或 q 表示。在国际单位制中，它的单位为库仑，简称库，符号为 C。

在脱毛衣时，毛衣与内衣之间由于摩擦产生了相反的电荷，正负电荷接触时发生的放电现象，就是我们所看到的“电火花”。

二、怎样让物体带电

1. 摩擦起电

用梳子梳理头发时，由于梳子与头发之间的摩擦，使梳子带上了负电荷，而头发带上了正电荷，正负电荷相互吸引，因此，我们看到了梳子吸引头发的现象。这种通过物体与物体相互摩擦，使物体带电的方法叫摩擦起电。那么，为什么摩擦会使物体带电呢？

物质是由原子和分子构成的，原子则由带正电的原子核和带负电的核外电子所组成。当两个物体相互摩擦时，一个物体的表面失去部分电子而带正电，另一个物体则得到这些电子而带负电。

2. 感应起电

两个不带电的金属导体 B 和 C 分别用绝缘支架支撑并紧靠在一起，将一个带正电的物体 A 靠近导体 B 的右端，如图 5–2a 所示，在 B 的右端出现了负电荷，而在 C 的左端则出现了与 B 右端的负电荷等量的正电荷。若将导体 B 与 C 分开，然后移走带电体 A，那么，B 和 C 都成了带电导体，其中 B 带负电，C 带正电，如图 5–2b 所示。

这种当带电物体靠近不带电导体，从而使导体表面带电的现象被称为静电感应，导体表面产生的电荷叫作感应电荷，利用静电感应使金属导体带电的方法，称为感应起电。

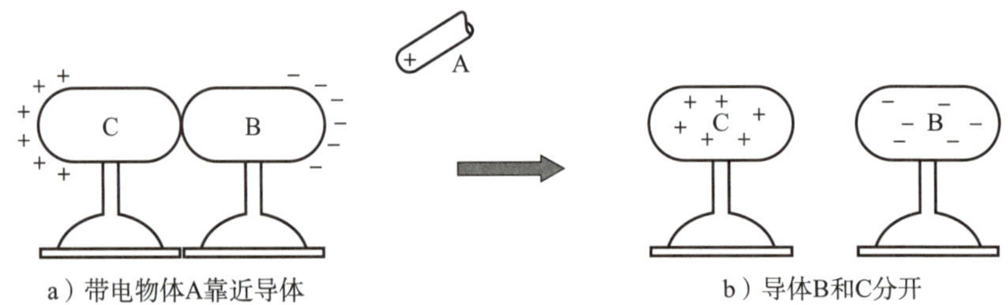

图 5–2　感应起电

知识拓展

用丝绸摩擦玻璃棒后，丝绸和玻璃棒分别会带什么电呢？

我们知道，摩擦使物体带电是物体失去或者得到电子的结果，不同物质原子核束缚电子的能力有所不同，如图 5–3 所示。当两个不同物体相互摩擦时，束缚电子能力较弱的物体容易失去电子而带正电，束缚电子能力较强的物体则会得到电子而带负电。

图 5–3　不同物质原子核束缚电子的能力

因此，当我们用丝绸摩擦玻璃棒时，玻璃棒的原子核束缚电子的能力较弱，容易失去电子而带正电，而丝绸则会得到电子带负电。

那么，如果用毛皮摩擦橡胶棒，情况又会怎样呢？

三、电荷守恒定律

我们知道，在摩擦起电的过程中，电子从一个物体转移到另一个物体，而两个物体的电荷总量保持不变。同样，感应起电的过程中，导体内部的部分正、负电荷分别移动到导体的两端，导体中的电荷总量也保持不变。

这是物理学重要的守恒定律之一——**电荷守恒定律**。电荷守恒定律指出，电荷既不能创造，也不能消灭，只能从一个物体转移到另一个物体，或从物体的一部分转移到另一部分。在整个转移过程中，电荷的总量保持不变。

例题 1

两个材质、大小完全相同的金属球，一个带 $+Q$ 的电荷，另一个不带电，当两个小球接触后，每个小球各带多少电荷？如果这两个小球，一个带 $+Q$ 的电荷，另一个带 $-3Q$ 的电荷，两小球相互接触后，每个小球又各带多少电荷？

解： 因为两个金属球材质、大小完全相同，所以两小球接触后，各自所带电荷量将相等。如果一个小球带 $+Q$ 的电荷，另一个小球不带电，当两小球接触时，电荷将会从带电小球转移到不带电小球上，因为两个小球总的带电量为 $+Q$，根据电荷守恒定律，达到平衡后，每个小球所带电荷量为 $+\frac{1}{2}Q$，如图 5-4 所示。

如果一个小球带 $+Q$ 的电荷，另一个小球带 $-3Q$ 的电荷。两小球相互接触后，同样会发生电荷的转移，因为总的电量为 $-2Q$，根据电荷守恒定律，达到平衡后，每个小球所带电荷量为 $-Q$，如图 5-5 所示。

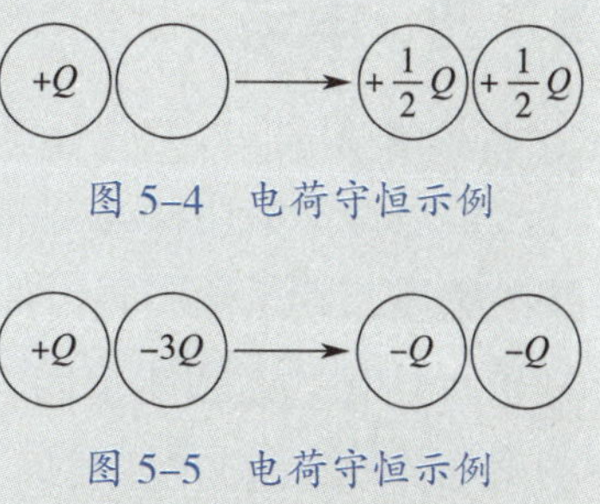

图 5-4　电荷守恒示例

图 5-5　电荷守恒示例

学以致用

感应起电在现代工业中的应用非常广泛，尤其在静电除尘和静电喷涂等领域发挥着至关重要的作用。

静电除尘器的工作原理如下：当含有尘埃的气体穿过高压电场时，**空气分子被电离成正离子和电子**，正离子被吸引到高压负极上，得到电子而成为分子；**电子则附着在尘埃颗粒上，使尘埃颗粒带负电，并被吸引到高压正极上**。当尘埃颗粒积累到一定程度，在重力的作用下落入下面的收集器中，从而实现静电除尘的效果（图 5-6）。

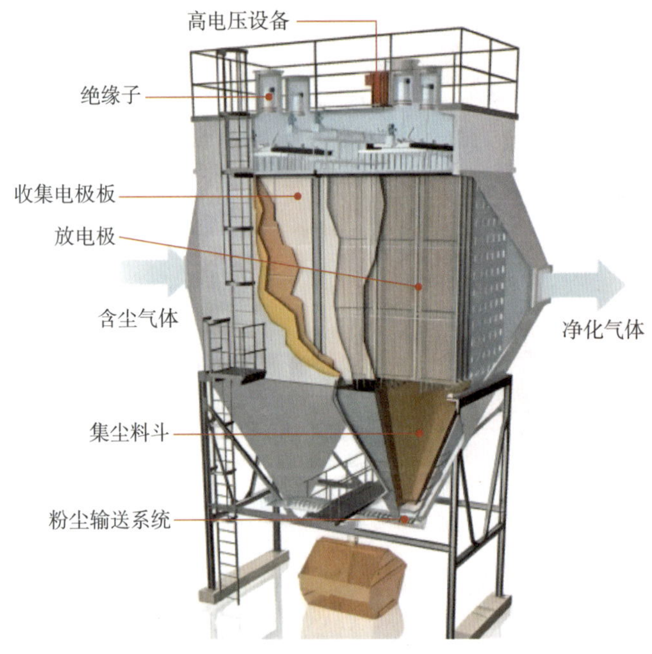

图 5-6　静电除尘器示意图

四、电场

1. 电场

英国科学家法拉第首先发现，电荷周围存在电场。电场是一种特殊的物质，它虽然不是由原子分子构成的，但却客观存在，具有通常物质所具有的力和能量的客观属性。电场的基本性质与重力场相似，当把物体放在重力场中时，物体会受到重力的作用，而将电荷放在电场中时，电荷同样会受到电场力的作用。

（1）点电荷

与质点的定义相似，点电荷也是物理学中的一个理想模型，当电荷本身的大小远小于电荷之间的距离，又或者当电荷的大小对于所研究问题的影响微不足道时，电荷就可以被视为只有电量而没有大小的几何点，称为**点电荷**。

知识拓展

元电荷，也称为基本电荷，是电荷量的最小单位，用符号 e 表示。元电荷的数值等于一个电子或质子所带的电荷量，具体为 1.6×10^{-19} C。所有带电体的电荷量都是元电荷 e 的整数倍。这一性质表明电荷不是连续变化的，而是遵循量子化的规律。

（2）库仑力

在真空环境下存在两个点电荷 A 与 B，电荷 A 周围的电场对电荷 B 施加电场力，同时电荷 B 周围的电场又对电荷 A 施加电场力，两者是一对作用力与反作用力，其大小与两电荷的电荷量乘积成正比，与它们之间距离的平方成反比。该力的方向在两电荷的连线上，且遵循“同性相斥、异性相吸”的规律。这一规律被称为**库仑定律**，电荷间的相互作用力叫作**库仑力**或**静电力**。如图 5–7a 所示，两个带有正电荷的 A 与 B 之间存在相互排斥的力，而图 5–7b 展示了带有异种电荷的 A 与 B 则相互吸引。

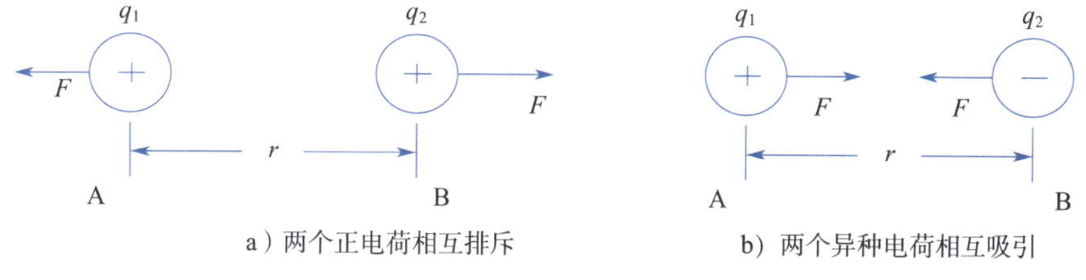

图 5–7　电荷之间的相互作用

如果用 q_1 和 q_2 分别表示电荷 A、B 所带的电量，用 r 表示它们之间的距离，则库仑力 F 的大小为

$$F=k\frac{q_1q_2}{r^2}$$

式中，k 叫作静电力常量，$k=9.0\times10^9\ \mathrm{N\cdot m^2/C^2}$。

2. 电场强度

电荷周围存在电场，电场的强弱和方向可用**电场强度**这个物理量来表示。为了研究电场的性质，需要引入试探电荷。**试探电荷**需要满足体积和电荷量都很小两个条件，这样可以确保将它放入电场中时不会引起原有电场的重新分布，对原有电场的影响可忽略不计。

将一个电荷量为 q 的试探电荷放入电场中的某点，试探电荷受到的电场力为 F，则将 F 与 q 的比值叫作该点的**电场强度**，简称**场强**，用符号 E 表示，即

$$E=\frac{F}{q}$$

在国际单位制中，电场强度的单位是牛顿 / 库仑，符号是 N/C。电场强度是矢量，**物理学中规定：正电荷在电场中某点所受的电场力的方向即为该点处的电场强度方向。**

例题 2

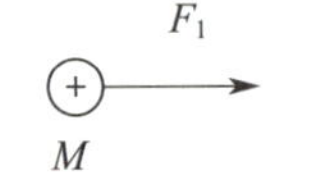

图 5-8 试探电荷在电场中受力示例

如图 5-8 所示，将一电荷量为 $q_1=2.0\times10^{-10}$ C 的试探电荷放入某电场中的 M 点，受到的电场力 F_1 的大小为 2.0×10^{-5} N，方向为图中箭头所示。求：

（1）M 点的电场强度的大小和方向？

（2）在 M 点放入带电量为 $q_2=-6.0\times10^{-9}$ C 的新电荷，求该电荷所受的电场力的大小和方向？

解：（1）由电场强度的定义可知，M 点的电场强度为

$$E=\frac{F_1}{q_1}=\frac{2.0\times10^{-5}}{2.0\times10^{-10}}\ \text{N/C}=1.0\times10^{5}\ \text{N/C}$$

E 的方向与图中 F_1 的方向相同。

（2）在 M 点放入新电荷，受到的电场力为

$$F_2=q_2E=(-6.0\times10^{-9}\times1.0\times10^{5})\ \text{N}=-6.0\times10^{-4}\ \text{N}$$

即该电荷受到的电场力大小为 6.0×10^{-4} N，方向与 E 的方向相反，即为图中 F_1 的反方向。

3. 电场线

电场中任意一点的场强大小和方向，都可以通过试探电荷来测定，但是试探电荷一次只能测定一个点的场强，为了形象地描述电场

中各点场强的大小和方向，可以在电场中引入一些假想的曲线，**如果曲线上每个点的切线方向都和该点的电场强度方向一致**，这些曲线称为**电场线**。如图 5-9 所示为一条电场线，A、B 两点处的电场强度方向与两点处曲线的切线方向一致，即图中的箭头方向。

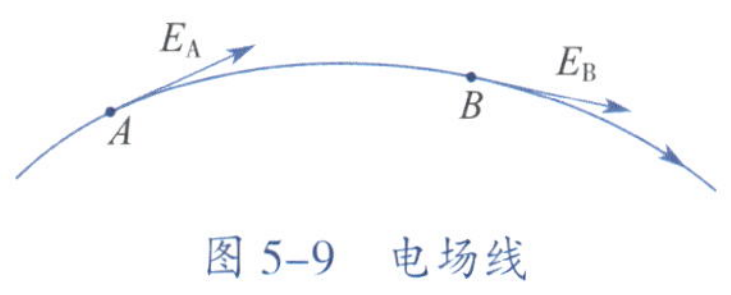

图 5-9　电场线

电场线的疏密还能表示电场强度的大小，**电场线越疏的地方，电场强度越小；电场线越密的地方，电场强度越大**。

真空中比较典型的电荷体周围的电场线如图 5-10 所示，其中图 5-10a 表示单个正点电荷周围的电场线分布，图 5-10b 表示单个负点电荷周围的电场线分布，图 5-10c 表示两个等量异种电荷周围的电场线分布，图 5-10d 表示两个等量正电荷周围的电场线分布。

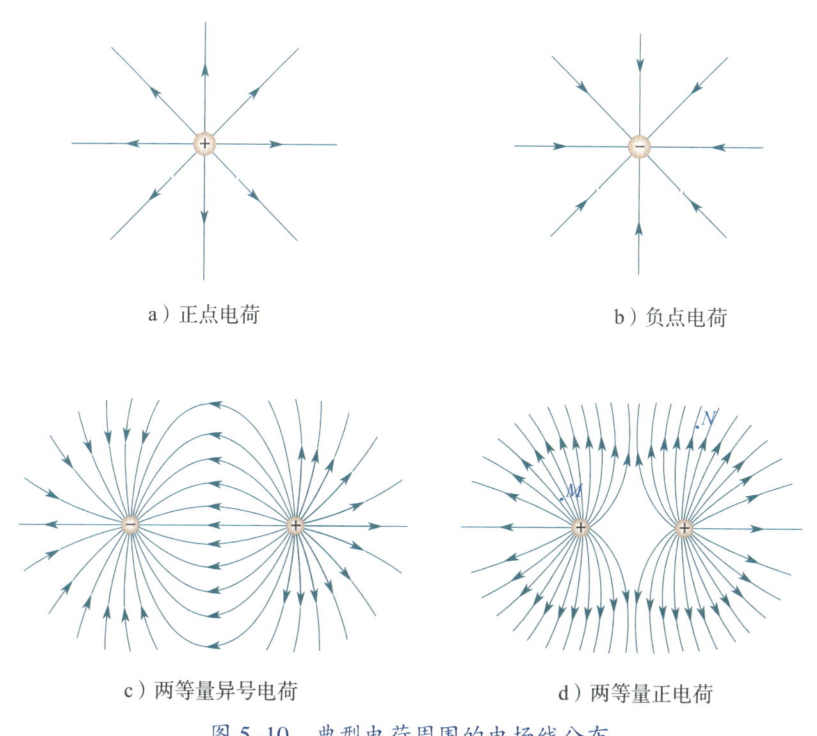

图 5-10　典型电荷周围的电场线分布

思考与讨论

请同学们讨论在图 5-10d 中 M、N 两点哪个电场强度大。

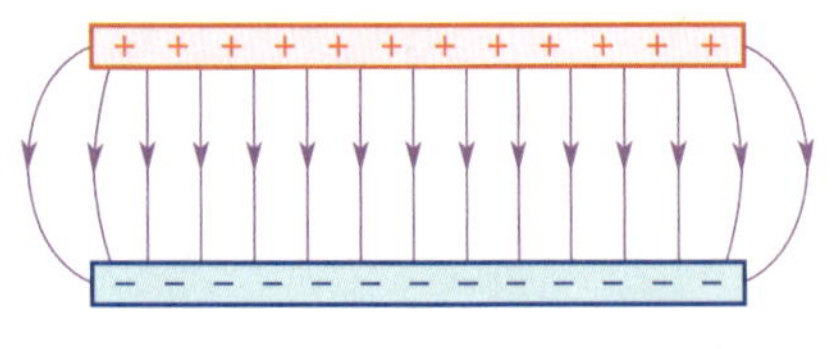

图 5-11　平行板间的电场分布

4. 匀强电场

如图 5-11 所示，两平行板间的电场线除边缘附近外，中间各点的电场线疏密程度相同，表示平行板间的电场强度大小相等且方向相同，我们把这样的电场叫作**匀强电场**。匀强电场的电场线是一组相互平行且间距相等的直线。

五、电势

1. 电势能

在重力场中，质量为 m 的物体离地高度为 h 时，其重力势能为 mgh（取地面为零势能面）。类似地，在电场中，电荷在电场中某点处所具有的势能叫**电势能**。电势能用符号 E_p 表示，在国际单位制中，它的单位为焦耳，符号是 J。

关于电势能的大小，我们可以类比重力势能的定义，如图 5-12 所示，将质量为 m 的物体从 h 高处移到地面，重力做功为 $W=mgh$，设 h 高处的重力势能为 E_{ph}，地面的重力势能设为 E_{p0}，则重力做功的值 $W=E_{ph}-E_{p0}$。由于地面为零势能面，即 $E_{p0}=0$，因此 $E_{ph}=W=mgh$。

电场的性质与重力场相似，**电场力做功也与路径无关，只与始末位置有关，因此电场力做功 W 等于始末位置的电势能之差**。如图 5-13 所示，在电场中将电荷 q 从 A 点移动到 B 点，无论路径如何，电场力做功 W_{AB} 都等于 A 点的电势能 E_{pA} 与 B 点的电势能 E_{pB} 之差。即

$$W_{AB}=E_{pA}-E_{pB}$$

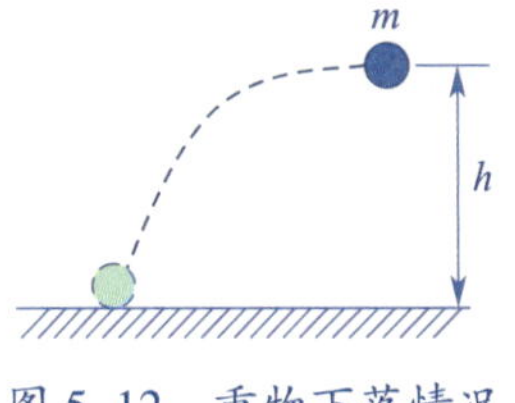

图 5-12　重物下落情况

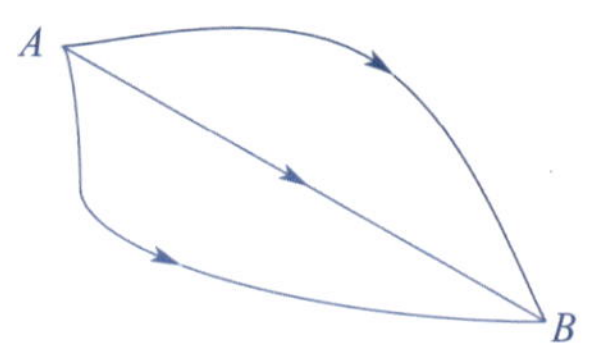

图 5-13　在电场力中将电荷 q 沿不同路径从 A 点移到 B 点

那么，电荷 q 在电场中某点处的电势能具体值 E_p 等于多少呢？通常情况下，**我们取无穷远处为零电势能点**，因此，**电荷 q 在电场中某点处的电势能 E_p 等于将电荷 q 从该点移到无穷远处（零电势能点）电场力做的功。**

思考与讨论

无穷远是多远？

在研究静电场的问题中，如果某一点离场源电荷已经很远，以至于试探电荷已经不能探测到该点的电场了，这一点就可以视为“无穷远”。

根据电场力做功和电势能变化之间的关系，讨论电场力做正功，电势能如何变化？电场力做负功，电势能又如何变化？

例题 3

将一电量为 $q=2.5\times10^{-5}$ C 的点电荷从电场外一点 P 移至电场中某点 A，电场力做功 5.0×10^{-4} J，求 A 点的电势能。

解： 电场外没有电场，即电势能为零。该题是将电荷从电势能零点移到 A 点，电场力做功为 5.0×10^{-4} J，反过来，将该电荷从 A 点移到电势能零点，电场力做功为 -5.0×10^{-4} J，因此，根据电势能的定义，A 点的电势能为 -5.0×10^{-4} J。

2. 电势

电势能不仅与零势能点的选取有关，还与电荷量 q 有关。为了描述电场的性质，我们需要引入一个与电荷无关的物理量。

与引入电场强度这个物理量一样，我们仍然采用比值定义法，**把电荷在电场中某点的电势能 $\boldsymbol{E_{\mathrm{p}}}$ 与它的电荷量 $\boldsymbol{q}$ 的比值，叫作该点的电势**，电势一般用 φ 表示，即

$$\varphi=\frac{E_{\mathrm{p}}}{q}$$

电场中某点的电势是一个与电势能 E_{p}、电荷所带电量 q 都无关的物理量，可以用它来描述电场的性质。

电势的单位由能量单位和电荷量的单位构成，即 J/C。在国际单位制中，电势的单位是伏特（V），单位换算关系为：1 V = 1 J/C。若将电荷量为 1 C 的电荷从电场 A 点移动到零势能点时电场力所做的功为 1 J，则 A 点具有的电势就为 1 V。

电势是标量，只有大小，没有方向。电场中某点处的电势能与零电势能点的选取有关，所以电势也与电势零点的选取有关。通常规定

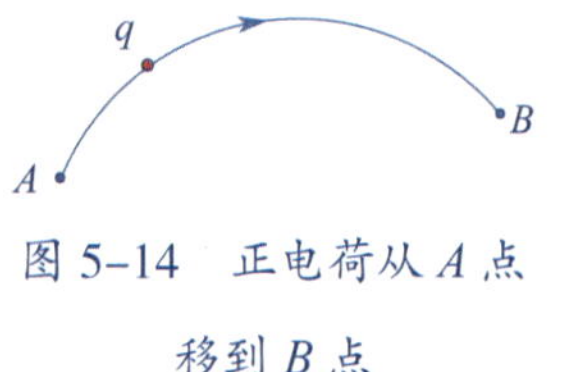

图 5-14　正电荷从 A 点移到 B 点

无穷远处或者接地处的电势为零。

如图 5-14 所示，在任意电场中，当正电荷 q 沿着电场线从 A 点移动到 B 点时，电场力做正功，说明 A 点的电势比 B 点高。所以，沿着电场线方向，电势是逐渐降低的。由此可见，若规定无穷远处电势为零，则在正电荷产生的电场中，电势处处为正；在负电荷产生的电场中，电势处处为负。

当电势的零点选定以后，电场内各点的电势都有确定值。电场中各点电势一般是不同的，但也有许多点的电势是相等的。**把电场中电势相等的点构成的曲面叫作等势面**。

例题 4

求例题 3 中 A 点处的电势。

解： 在例题 3 中，我们已经求得 A 点的电势能 $E_p=-5.0\times10^{-4}$ J，由电势的定义 $\varphi=\dfrac{E_p}{q}$，可得 A 点的电势

$$\varphi_A=\frac{E_p}{q}=\frac{-5.0\times10^{-4}}{2.5\times10^{-5}}\ \text{V}=-20\ \text{V}$$

3. 电势差

电场中任意两点之间电势的差值叫作**电势差**，也叫**电压**，用符号 U 表示。国际单位制单位也是伏特（V）。若电场中 A 点的电势为 φ_A，B 点的电势为 φ_B，则 A、B 两点之间的电势差可表示成

$$U_{AB}=\varphi_A-\varphi_B$$

电势差是标量。电势差可以是正值，也可以是负值。例如，当 A 点电势比 B 点高时，U_{AB} 为正值；反之则为负值。

此外，还需要说明的是，在电场中，任意两点间的电势差与零势能点的选取无关，其值是确定的。

由式 $\varphi=\dfrac{E_p}{q}$ 可知，点电荷 q 在 A、B 两点处的电势能分别为 $E_{pA}=q\varphi_A$、$E_{pB}=q\varphi_B$，根据电场力做功等于电势能的减少量，将点电荷 q 从 A 点移动到 B 点，电场力所做的功为

$$W_{AB}=E_{pA}-E_{pB}=q(\varphi_A-\varphi_B)$$

由于 A、B 两点间电势差 $U_{AB}=\varphi_A-\varphi_B$，所以电场力做功可写成

$$W_{AB}=qU_{AB}$$

这意味着，只要知道电场中两点间的电势差和电荷电量，就能计算出在这两点间移动电荷时电场力所做的功，而无需考虑电场力和电荷移动的路径。

当 W_{AB} 为正时，电场力做正功；当 W_{AB} 为负时，电场力做负功，即外力要克服电场力做正功。

在力学中，功的单位为牛·米（N·m），从公式 $W_{AB}=qU_{AB}$ 中可知，功的单位还可以表示为库·伏（C·V）。人们在研究原子、原子核和基本粒子等微观领域时，常用**电子伏**（符号 eV）作为能量单位。它指一个**元电荷**（$e=1.6\times10^{-19}$ C）的电荷在电势差为 1 V 的电场中移动时，电场力做的功，即

$$1\ \text{eV}=1e\times1\ \text{V}=1.6\times10^{-19}\ \text{C}\times1\ \text{V}=1.6\times10^{-19}\ \text{J}$$

例题 5

如图 5-15 所示，在正的点电荷 Q 的电场中有 a、b 两点，若 a、b 两点间的电势差为 100 V，将二价负离子由 a 点移到 b 点，电场力对电荷做功是多少？

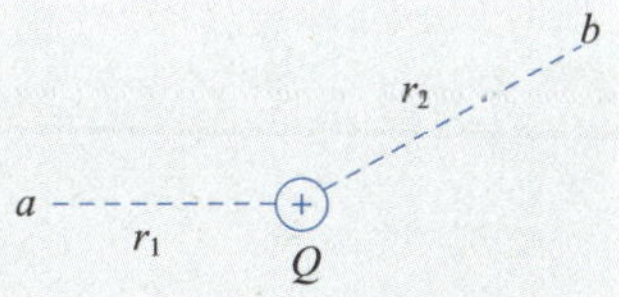

图 5-15 电荷在电场中移动时电场力做功示例

解： 二价负离子也就是得到两个电子的离子，因此所带电荷量为两个电子所带电量。

所以，$W_{ab}=qU_{ab}=(-2\times1.6\times10^{-19}\times100)\ \text{J}=-3.2\times10^{-17}\ \text{J}$。

4. 匀强电场中电势差与电场强度的关系

电场强度和电势都是描述电场的物理量，它们之间有什么关系呢？下面以匀强电场为例进行讨论。

如图 5-16 所示，电场强度的大小为 E。A、B 为同一电场线上的两点，它们之间的距离为 d。则 A、B 两点之间的电势差 U_{AB} 满足

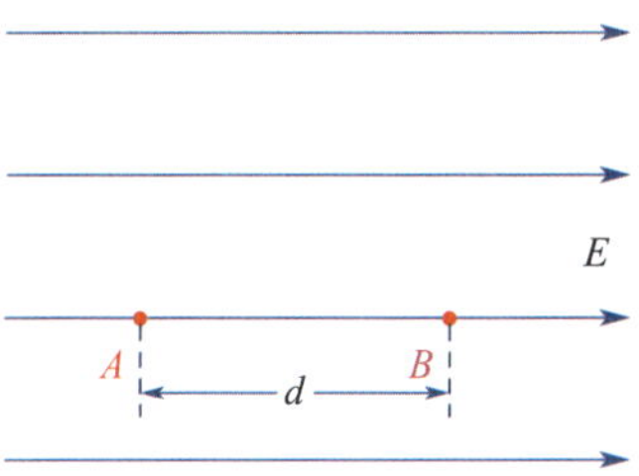

图 5-16 匀强电场的电势差与电场强度的关系

$$U_{AB}=Ed$$

这表明，在匀强电场中，沿着场强的方向，任意两点间的电势差等于场强与这两点间的距离的乘积。

上式也可以写成

$$E=\frac{U_{AB}}{d}$$

此公式说明，在匀强电场中，电场强度 E 在数值上等于沿电场强度方向单位长度上的电势差。因此，电场强度的单位除了牛顿每库仑（N/C）外，还有另一个单位，伏每米（V/m）。

日新月异

2023 年，中国科学院物理研究所陈立泉院士团队成功研发出基于聚合物和氧化物复合电解质的原位固态化电池。在固态电池技术研究中，他们采用原子层沉积技术在电池正极与电解质界面之间构建梯度电势场，通过纳米级界面的电场调控实现锂离子的高效传输，并有效抑制了空间电荷层的形成。这使固态电池中的电场强度分布，在 −40 ~ 120 ℃的极端环境下依然能够保持稳定。

凭借此项技术，固态电池的循环寿命得到大幅提升，其能量密度更是达到了 360 Wh/kg，处于全球领先水平。在电动汽车领域，该成果首次助力实现了单次充电续航超 1 000 km 的目标。这一重大成就促使中国固态电池技术实现了从跟跑向领跑的转变，为新能源汽车行业的发展注入了强大动力。

练习与巩固

1. 图 5–17 所示为某电场中的电场线，下列说法中正确的是（　　）。

A. 这个电场一定是匀强电场

B. A、B 两点的场强可能相同

C. A 点场强一定大于 B 点场强

D. A 点场强可能小于 B 点场强

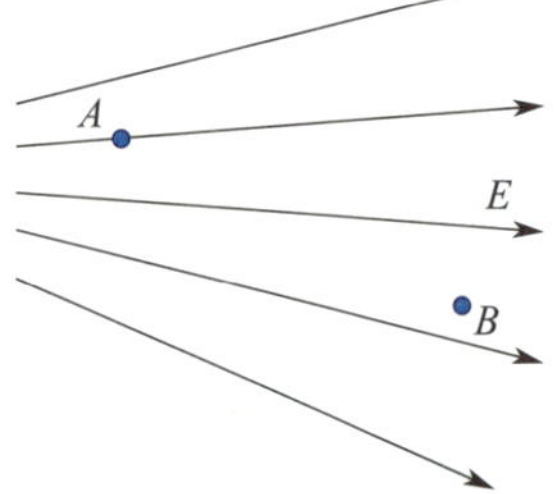

图 5–17　某电场的电场线

2. 在电场中某处放入电荷量为 4.0×10^{-9} C 的点电荷，它受到的电场力为 6.0×10^{-4} N，则该处的电场强度为________________。若该处的点电荷电量变为 2.0×10^{-9} C，则该处的电场强度为________________，点电荷在该处所受的电场力为________________。

第二节　磁场　安培定则　磁通量

观察与探究

我们知道，天然磁铁能够吸引铁、钴、镍等材料，而当电磁继电器的线圈通电时，位于线圈里面的铁芯同样能吸引铁、钴、镍等材料而表现出磁铁的性质；如果把铁芯抽出，通电线圈也能吸引铁，但吸引力不及有铁芯时强。产生这些现象的原因是什么？

一、磁场

1. 磁现象

我国是世界上最早认识并应用磁性的国家之一，早在公元前3世纪的战国时期，我国就有磁石吸铁的记载。东汉王充在《论衡》中描述："司南之杓，投之于地，其柢指南。"东汉时期的"司南勺"（图5–18）被广泛认为是世界上最早的磁性指南工具，随后，这一技术发展成为指南针。指南针被广泛应用于航海，并在实践应用中帮助人们发现了地球的地磁偏角。

图5–18　司南勺

人们最早发现的天然磁石的主要成分是Fe_3O_4。现在使用的磁体，多用铁、镍、钴等金属或某些氯化物制成，能够吸引铁、镍、钴等物质的性质称为**磁性**，具有磁性的物体叫作**磁体**。把条形天然磁铁置入铁粉中，可以看到它的两端吸引铁粉最多，表明条形磁铁的两端磁性最强，我们把磁体中磁性最强的区域叫作**磁极**。若将一可以自由转动的小磁针悬空吊起，小磁针静止时，它的磁极总是指向地球的南北方向，指向北方的磁极称为**北极**（用符号N表示），指向南方的磁极称为**南极**（用符号S表示）。磁极之间会产生相互作用：**同名磁极相互排斥，异名磁极相互吸引。**

与电荷周围存在电场一样，在磁体周围的空间中也存在一种特殊物质，这种物质既看不见也摸不着，但却是客观存在的，具有通常物质所具有的力和能量的客观属性，我们把这种物质叫作**磁场**。磁体间的相互作用是通过磁场实现的。

2. 磁感应强度

磁体周围的磁场到底是什么样的呢?

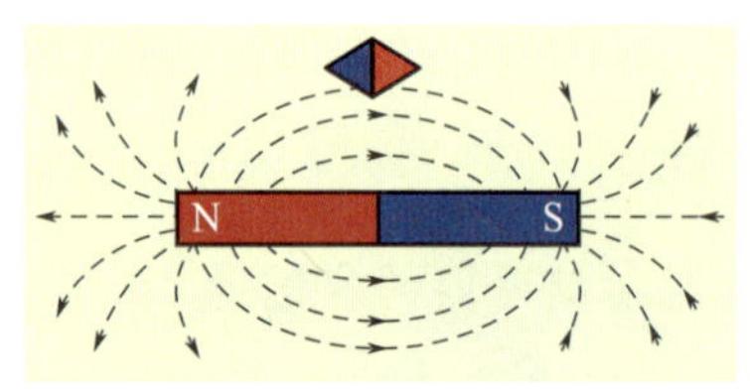

图 5-19 磁场的方向

我们把一些可以自由转动的小磁针作为检验磁体放在磁场的某些点，观察它们的受力情况，以此来描述磁场的性质。

在磁场力的作用下，小磁针将发生偏转，小磁针静止后，它的指向就是该点处磁场对小磁针的作用力方向。**物理学中规定，小磁针在磁场中静止时 N 极所指的方向为该点处磁感应强度的方向，简称磁场的方向**。如图 5-19 所示，在图中条形磁铁周围**磁场的方向为图中的箭头方向**。

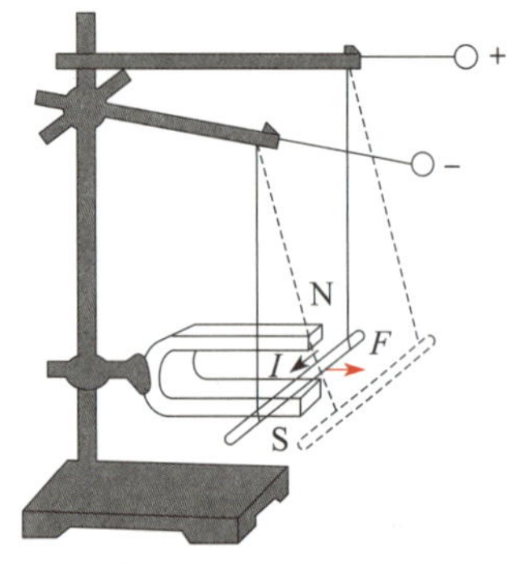

图 5-20 通电导线在磁场中受力发生摆动

为了描写电场的强弱，引入了电场强度这个物理量。在研究磁场时，本来也可以把描述磁场强弱的物理量叫作磁场强度。但是，历史上磁场强度是用来表示另外一个物理量的，因此物理学中用**磁感应强度**来描述磁场的强弱，磁感应强度通常用符号 B 表示。

如图 5-20 所示，将一段直导线放入磁场中，通有电流后发现导线向右摆动，说明通电导线在磁场中受到了磁场力的作用。实验表明，通电导线受到的磁场力 F 的大小与导线的长度 L、导线中的电流 I 以及导线的方向都有关。在物理学中，把**一小段直导线**垂直于磁场方向时（可认为导线所处位置的磁场均匀），它所受到的磁场力 F 和其电流 I 和导线长度 L 乘积 IL 的比值，叫作导线所在位置的**磁感应强度**，即

$$B=\frac{F}{IL}$$

磁感应强度是一个矢量，它既有大小又有方向。在国际单位制中，磁感应强度的单位是牛每安米，符号是（N/Am）。而国际通用单位叫**特斯拉**，简称特，符号是 T，且

$$1\ \text{T}=1\ \text{N/Am}$$

特斯拉这个单位较大，例如地球周围的磁场仅为 0.5×10^{-4} T，一般永久磁铁的磁场约为 10^{-2} T，而传统大型磁铁也只能产生约 2 T 的磁场。在实际工作中，为方便描述较小磁场，有时磁感应强度的单位

用高斯（符号 G）来表示，它们的换算关系为 $1\ \text{T} = 10^4\ \text{G}$。

一些典型磁场磁感应强度见表 5–1。

表 5–1　典型磁场的磁感应强度

磁场源	B/T
电磁屏蔽室磁场（最小值）	约 10^{-14}
人体器官内的磁场	$10^{-13} \sim 10^{-9}$
室内电线周围磁场	约 10^{-4}
地球表面磁场	约 0.5×10^{-4}
大型电磁铁	约 2
一般实验室磁场	$10^{-2} \sim 10^{4}$
中子星表面的磁场	$10^{6} \sim 10^{8}$

3. 磁感线

类似于电场中的电场线，在磁场中也可以用磁感线来形象地描绘磁场各点的大小与方向。磁感线有如下特点：**磁感线**是一系列闭合曲线，在磁体外部磁感线由 N 极指向 S 极，在磁体内部磁感线由 S 极指向 N 极；**曲线上任一点的切线方向与该点的磁场的方向相同**；用磁感线的疏密程度表示该点磁场的大小，**磁感线分布越密，磁场越强；磁感线分布越疏，磁场越弱。**

实验证实，条形磁铁和蹄形磁铁的磁感线分别如图 5–21a、图 5–21b 所示。磁场的分布可用铁屑来显示，铁屑顺着条形磁铁的磁场分布排列如图 5–22 所示。

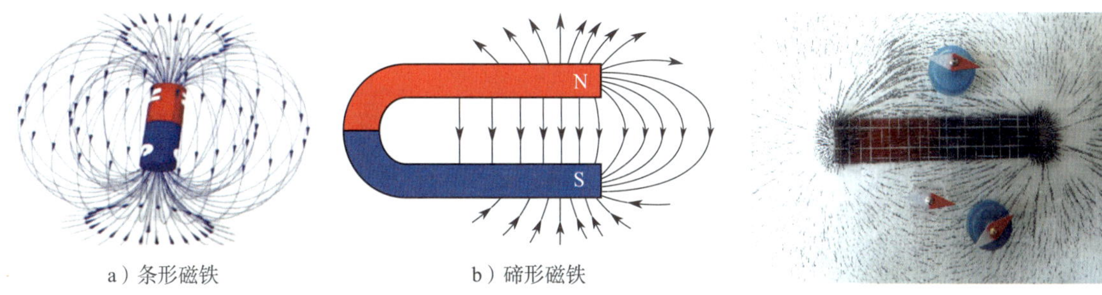

a）条形磁铁　　b）蹄形磁铁

图 5–21　磁铁周围的磁场分布

图 5–22　磁铁周围的铁屑分布

二、安培定则

1. 电流的磁效应

我们知道，静止的电荷仅能产生电场，无法产生磁场。那么，运动的电荷，也就是电流，能否产生磁场呢？

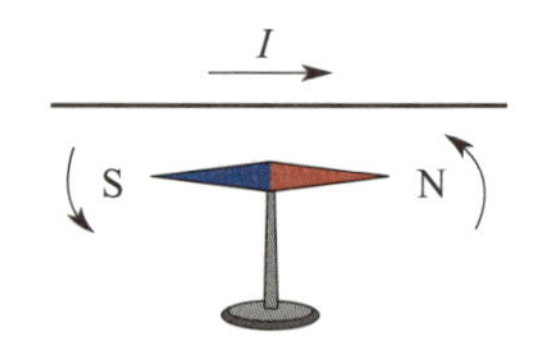

图 5-23　在通电导线周围的小磁针发生偏转

1820 年，奥斯特通过实验发现，把一根导线平行地放置在磁针上方，当给导线通电时，磁针发生了偏转，就像受到磁铁的作用一样（图 5-23）。这一现象说明不仅磁铁能产生磁场，电流也能产生磁场，这个现象称为**电流的磁效应**。

2. 安培定则

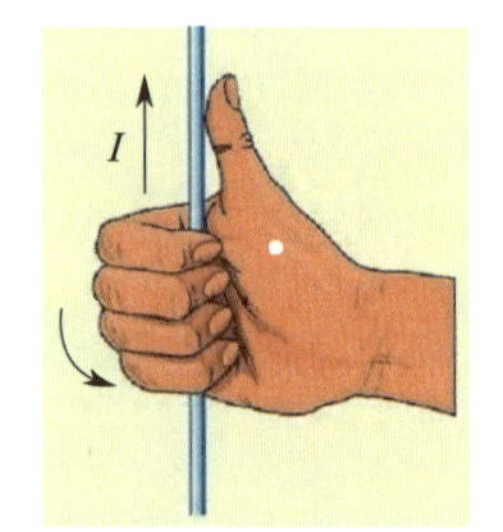

图 5-24　判断直导线电流磁场方向

法国物理学家安培对电流的磁效应进行了深入细致的研究，归纳出判断电流周围磁场方向的方法，称为**右手螺旋定则**，也就是**安培定则**。安培定则可以判断直线电流、环形电流及通电螺线管的磁场方向。

（1）直线电流的磁场

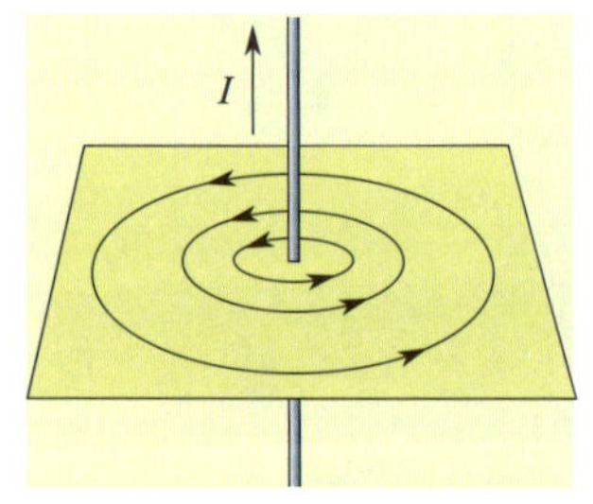

图 5-25　通电直导线周围的磁感线分布

判断通电直导线周围磁场方向的方法是：**用右手握住直导线，让拇指指向电流的方向，弯曲的四个手指所指的方向就是磁感线的环绕方向，**如图 5-24 所示。通电直导线周围的磁感线是一些以导线上的点为圆心的同心圆，且都在与导线垂直的平面上，如图 5-25 所示。越靠近直导线，磁感线分布越密，磁场越强。

（2）环形电流的磁场

如图 5-26a 所示，环形电流的磁感线也呈现为围绕环形导线的闭合曲线，在环形导线的中心轴线上，磁感线与环形导线的平面相垂直。环形电流内部的磁感线方向与电流方向之间的关系也可以用安培定则来判定：**使右手弯曲的四指和环形电流的方向一致，那么伸直的拇指所指的方向就是环形电流内部磁感线的方向，**如图 5-26b 所示。

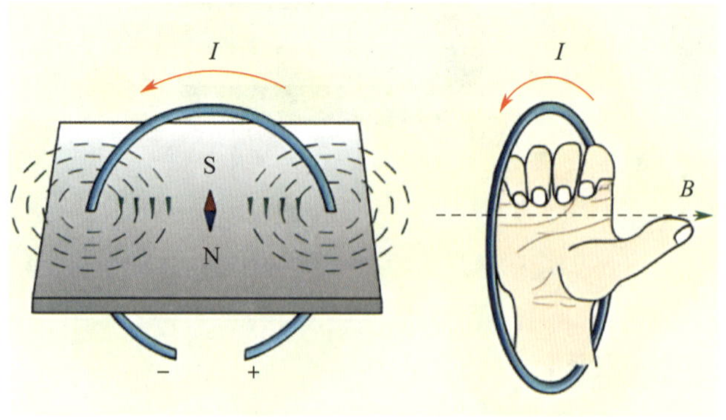

a）环形电流周围的磁感线分布　　b）判断环形电流磁场方向

图 5-26　环形电流周围及内部的磁感线分布

（3）通电螺线管的磁场

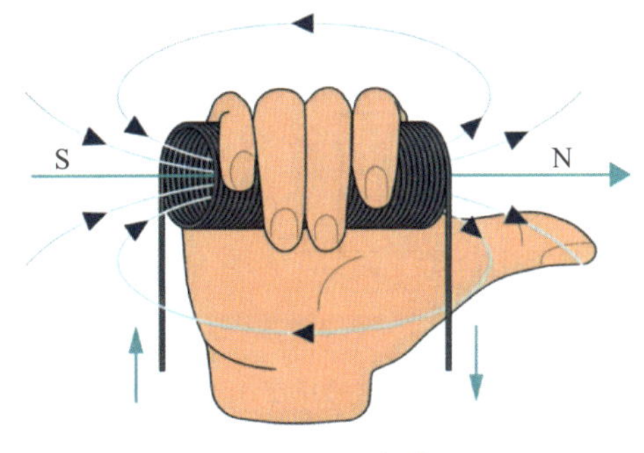

图 5-27　通电螺线管周围及内部的磁感线分布

图 5-27 所示为一只通电螺线管，它由多个电流环（导线）密绕组成。与环形电流一样，通电螺线管的磁感线方向也可以用安培定则来判定：**用右手握住螺线管，让弯曲的四指所指的方向与电流的方向一致，拇指所指的方向就是通电螺线管内部磁感线的方向。**

当电磁继电器的线圈通电时，就相当于一个通电螺线管，因此能够吸引铁质材料。当线圈内部插入铁芯时，由于铁芯是顺磁材料，会被磁化，从而使磁感应强度大大增强。

思考与讨论

通电直导线周围的磁场方向可以按照安培定则来判断：右手拇指指向电流的方向，弯曲的四指所指的方向就是磁感线的方向。而判断环形电流周围的磁场方向时，也依据安培定则：使右手弯曲的四指和环形电流的方向一致，拇指所指的方向就是环形电流内部磁感线的方向。二者是否矛盾，为什么？

三、磁通量

1. 匀强磁场

如果在磁场中的某一区域，各点的磁感应强度的大小和方向都相同，那么就把这个区域的磁场称为**匀强磁场**。在匀强磁场中**各处磁感线的疏密程度相同**。图 5-28 所示分别为匀强磁场的三种图示，其中，图 5-28a 表示磁场方向水平向右，图 5-28b 表示磁场方向垂直纸面向里，图 5-28c 表示磁场方向垂直纸面向外。

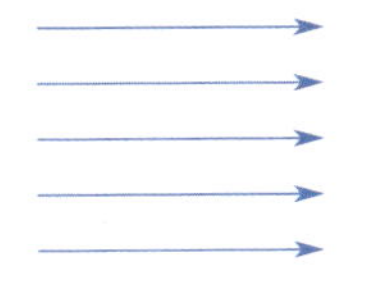
a）磁场方向水平向右

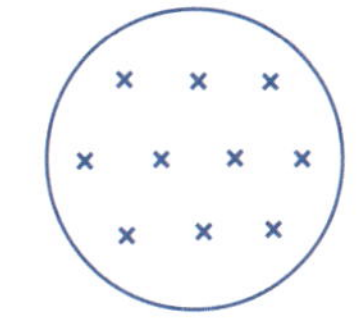
b）磁场方向垂直纸面向里

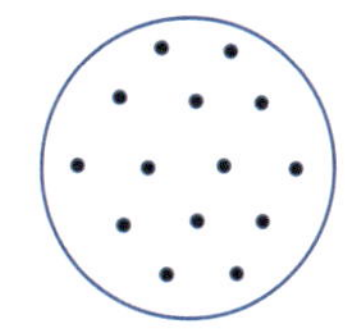
c）磁场方向垂直纸面向外

图 5-28　匀强磁场的三种图示

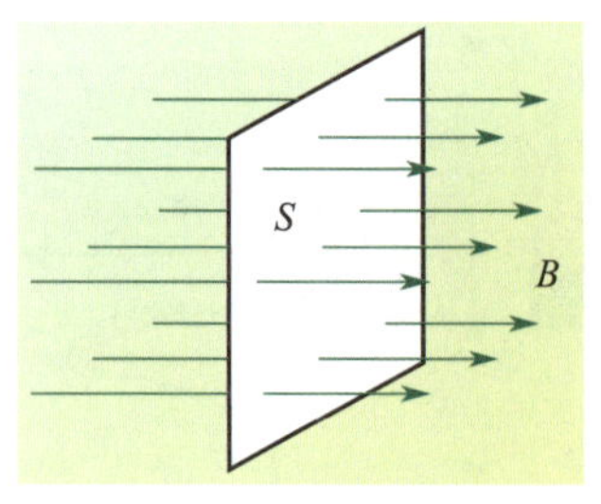

图 5-29　平面与磁感线垂直

2. 磁通量

在研究电磁现象时，常常要讨论穿过某一面积的磁感应强度及其变化，为此引入了一个新的物理量——**磁通量**。如图 5-29 所示，设在磁感应强度为 B 的匀强磁场中，有一个面积为 S 且垂直于磁场的平面，那么 B 和 S 的乘积叫作穿过这个平面的**磁通量**，简称**磁通**。磁通量一般用 Φ 表示，即

$$\Phi=BS$$

在国际单位制中，磁通量的单位为韦伯，简称韦，符号为 Wb。**磁通量又表示穿过面积 S 的磁感线的条数**，穿过面积 S 的磁感线条数越多，磁通量越大。

知识拓展

如果面积为 S 的平面不与磁场 B 垂直，且该平面与垂直磁场方向的平面夹角为 θ，如图 5-30 所示。那么，先要把平面 S 投影到与磁场 B 垂直的平面上，其投影面积为 $S_{\perp}=S\cos\theta$。这样，按照磁通量的定义，B 与 $S_{\perp}$ 的乘积就等于穿过这个平面 S 的磁通量，即 $\Phi=BS_{\perp}=BS\cos\theta$。

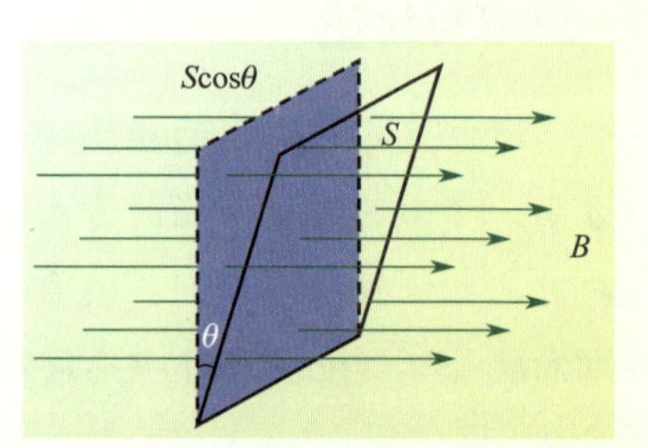

图 5-30　平面与磁感线不垂直

学以致用

如图 5-31 所示，在半径为 R 的圆线圈的中心位置处，有一半径为 r 的虚线圈，虚线圈内有磁感应强度为 B 的匀强磁场，磁场方向垂直线圈平面向里。那么按照磁通量的定义，通过外部线圈的磁通量与虚线圈里的磁通量相同，即都等于 $\Phi=BS=B\pi r^2$。无论我们如何改变外部线圈的半径 R，或者即使虚线圈不在中心位置，甚至将外部线圈形状变为非圆形，只要外部线圈将半径为 r 的虚线圈完全包含在内，那么通过外部线圈的磁通量总是为 $\Phi=BS=B\pi r^2$。

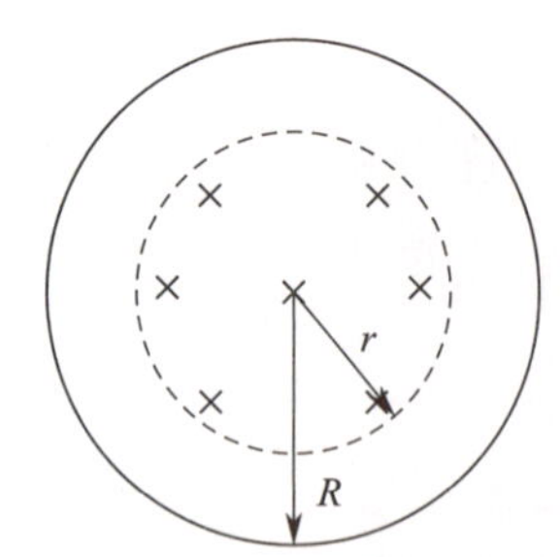

图 5-31　穿过线圈的磁通量

日新月异

2022年8月12日，中国科学院合肥研究院强磁场中心研制的国家重大科技基础设施——“稳态强磁场实验装置”（图5-32）取得了重大突破。该装置的混合磁体产生了高达45.22万G的稳态磁场，这一磁场强度相当于地球磁场的90多万倍。这一成就打破了美国国家强磁场实验室于1999年创造并保持23年之久的世界纪录，成功登顶同类型磁体的世界之巅，成为目前全球范围内可支持科学研究的最高稳态磁场。

图5-32　稳态强磁场实验装置

练习与巩固

1. 在图5-33中标出纸面所在平面内电流周围的磁场方向。

2. 螺线管中的电流方向如图5-34所示，标出 a、b、c、d、e 处小磁针上N、S极（用涂黑表示N极）。

图5-33　电流周围的磁场

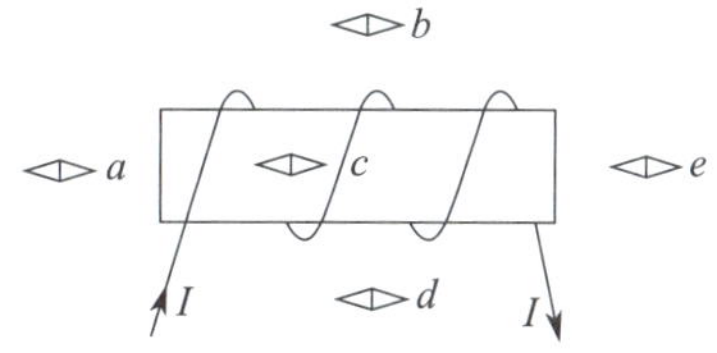

图5-34　通电螺线管

3. 如图5-35所示，当线圈在匀强磁场中转动时（转动轴垂直于磁感线），通过线圈的磁通量在不断发生变化。当线圈平面平行于磁感线时，则磁通量（　　）。

A. 等于零

B. 最大

C. 最小但不等于零

D. 无法判断

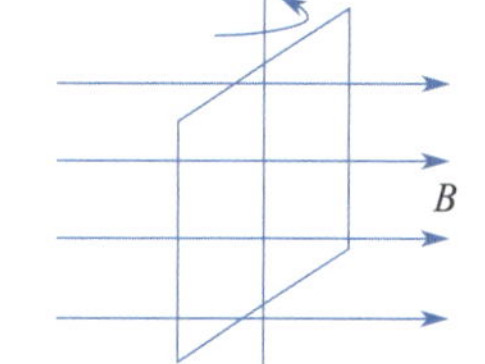

图5-35　线圈在磁场中转动

第三节　磁场对电流及运动电荷的作用

观察与探究

在寒冷的北极和南极夜空中，常常会出现一种绚丽多彩的光影现象——极光（图 5-36）。极光如同天空中舞动的绸带，闪烁着绿色、红色、紫色的光芒，令人叹为观止。这种神奇的现象是如何产生的呢？为什么只在地球两极形成绚丽多彩的极光呢？

图 5-36　极光

一、磁场对通电导体的作用

在前面讨论磁感应强度时，我们用一小段通电导线放在磁场中的受力来定义磁感应强度，这时通电导线所受到的磁场力叫作**安培力**。

1. 安培力的大小

通过大量实验，人们归纳出，**当通有电流 I 且长度为 L 的直导线垂直放置于磁感应强度为 B 的匀强磁场时，导线上所受的安培力 F 的大小为**

$$F=BIL$$

上式表明，当直导线垂直于磁场方向时，导线上受到的安培力 F 的大小等于导线长度 L、通过导线的电流 I、导线所在位置的磁感应强度 B 的乘积。这个规律称为安培定律。

知识拓展

如果直导线和磁场方向不垂直，且导线与磁场方向的夹角为 θ，如图 5-37 所示，那么将导线 L 投影到与磁场垂直的方向，投影长度为 $L'=L\sin\theta$，得导线 L 所受的安培力大小为 $F=BIL'=BIL\sin\theta$。

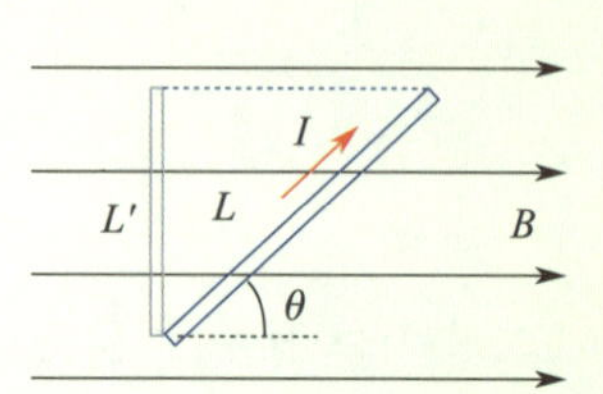

图 5-37　通电导线在磁场中受力

2. 安培力的方向

实验证明，当导线垂直于磁场方向放置时，导线上所受的安培力的方向可以用左手定则来判断：**伸开左手，使拇指与其余四指垂直，并且与手掌在一个平面内，让磁感线垂直进入手心，并使四指指向电流方向，这时拇指所指向的方向就是通电导线在磁场中所受安培力的方向**，如图 5–38 所示。

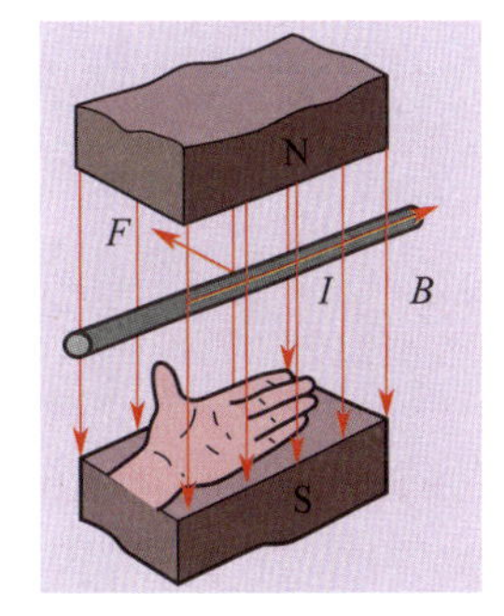

图 5–38　利用左手定则判断安培力的方向

知识拓展

如果导线和磁场方向垂直，但导线形状并不是直导线时，可以证明，导线所受的安培力的合力**等效于**将导线首尾连接的直导线所受到的安培力。如图 5–39 所示，设电流 I 从折导线上的 M 点流向 N 点，该折导线所受的安培力合力大小等效于长度为 L 的 MN 直导线所受的安培力大小，即

$$F=BIL$$

方向由左手定则判断，折导线所受的安培力合力的方向垂直于 MN 的连线，即图中的箭头方向。

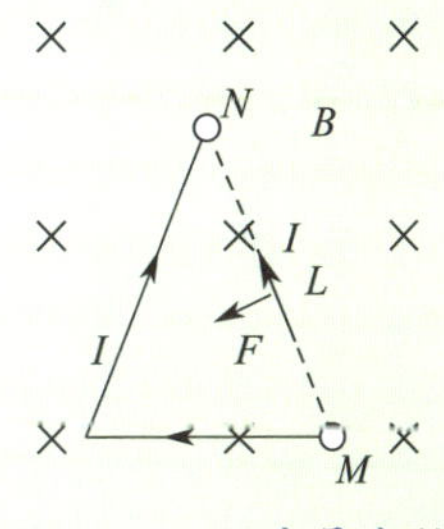

图 5–39　任意导线所受安培力的合力

思考与讨论

在磁场中放置一个闭合线圈，无论该闭合线圈是什么形状，当线圈中有电流通过时，线圈上每一小段导线都可能受到安培力的作用，然而，整个线圈受到安培力的合力却为零。你知道为什么吗？

例题 6

在赤道上，地球表面附近的地磁场可看成是沿南北方向的匀强磁场，磁感应强度的大小是 5×10^{-5} T。如果赤道上有一条沿东西方向长为 20 m 的直导线，此时通有大小为 30 A、方向由西向东的电流，如图 5–40 所示。算一算地磁场对这根导线施加了多大的安培力？方向如何？

解： 如图 5–40 所示，因电流方向与磁场方向垂直，故可以直接使用公式求出地磁场对这条导线施加的安培力 F，

$F=BIL=5\times10^{-5}\times30\times20\ \text{N}=3\times10^{-2}\ \text{N}$。

借助左手定则，我们可以判定导线所受安培力的方向竖直向上（垂直赤道平面向上）。

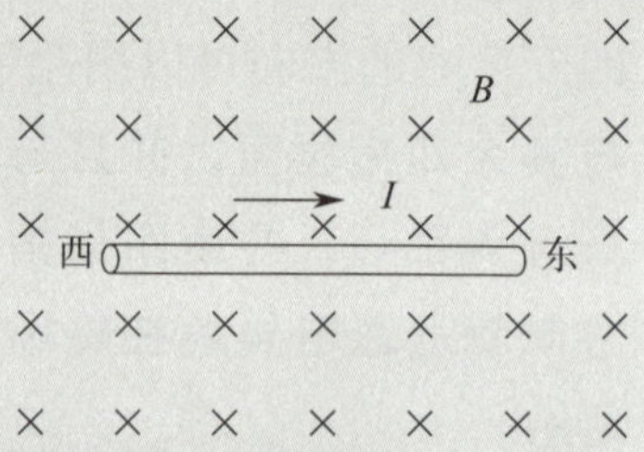

图 5–40　赤道上电流所受的安培力

二、磁场对运动电荷的作用

我们已经知道，磁场对通电导体有力的作用，而导体中的电流是由电荷的定向移动所形成的。由此可以猜测，磁场对通电导体的力的本质是磁场对运动电荷的力的作用。实验证明，当电荷在磁场中运动时，只要其运动方向与磁场方向不一致，电荷都会受到力的作用，我们把这个力称为**洛伦兹力**。

1. 洛伦兹力的大小

如图 5–41 所示，当带电量为 $+q$ 的带电粒子以速率 v **垂直于匀强磁场方向运动时**，若磁感应强度大小为 B，那么带电粒子所受的洛伦兹力大小为

$$F=qvB$$

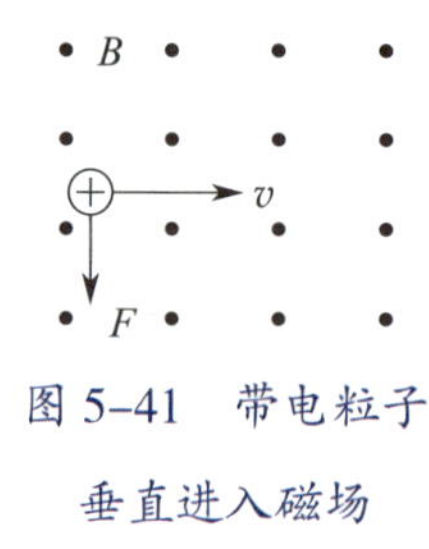

图 5–41　带电粒子垂直进入磁场

2. 洛伦兹力的方向

通电导线放入磁场中，导体内所有带电粒子运动时受到的洛伦兹力，在宏观上表现为导线受到的安培力。**因此，洛伦兹力的方向同样可根据左手定则来判断，只需将正电荷的运动方向看作电流方向即可。**如图 5–41 所示，**洛伦兹力的方向始终与速度方向以及磁场方向垂直。**因此，洛伦兹力不改变速度的大小，只改变速度的方向，使电荷在磁场中做圆周运动。

学以致用

极光的出现与地球的磁场以及太阳风密切相关。

太阳风是太阳向外喷射的高速带电粒子流。当太阳风到达地球附近时，会与地球的磁场发生相互作用。地球磁场就像一个“保护罩”，将大部分带电粒子偏转开来。然而，在地球磁场的两极区域，磁感线较为稀疏，部分带电粒子会沿着磁感线进入地球大气层。

进入大气层的带电粒子与空气中的氧原子和氮原子发生碰撞，使这些原子被激发到高能态。当这些原子从高能态回到低能态时，会释放出特定波长的光，从而形成极光。例如，氧原子发出绿色和红色的光，氮原子发出蓝色和紫色的光。

地球磁场不仅保护地球免受太阳风对地球环境和生命造成的严重影响，还决定了极光的分布和形状。极光通常出现在地球磁极附近的“极光带”区域。

极光不仅是自然界中的美丽景观，更是磁场作用的生动体现。通过研究极光，我们可以更好地理解磁场的本质及其在自然界和人类生活中的重要作用。

日新月异

超导磁悬浮，就是利用超导体的抗磁性实现磁悬浮的一种技术。超导磁悬浮列车的核心在于利用超导体的零电阻特性，这种特性使得电流能在超导体中无损耗地流动，从而产生强大的磁场。这种磁场与轨道上的线圈相互作用，产生向上的电磁力，使列车悬浮而不与轨道产生摩擦，从而实现 600 km/h 甚至更高的运行速度。

超导磁悬浮列车（图 5-42）具有高效性、高速性和稳定性的优势。由于列车与轨道之间无接触，摩擦损耗大大降低，能耗大幅降低，运行效率显著提高。同时，无接触的运行方式也使得列车能够突破传统轮轨列车的速度限制，达到更高的运行速度。此外，即使在静止状态下，超导磁悬浮列车也能保持稳定悬浮，进一步提升了使用的便利性和安全性。

图 5-42　超导磁悬浮列车概念图

超导磁悬浮技术在全球范围内有着广泛的关注和研究。我国自主研发的高温超导磁悬浮列车设计速度高达 620 km/h，被誉为“世界上跑得最快的列车”。

练习与巩固

1. 在图 5-43 中分别标出了磁场方向和通电导体的电流方向，试标出导体的受力方向。

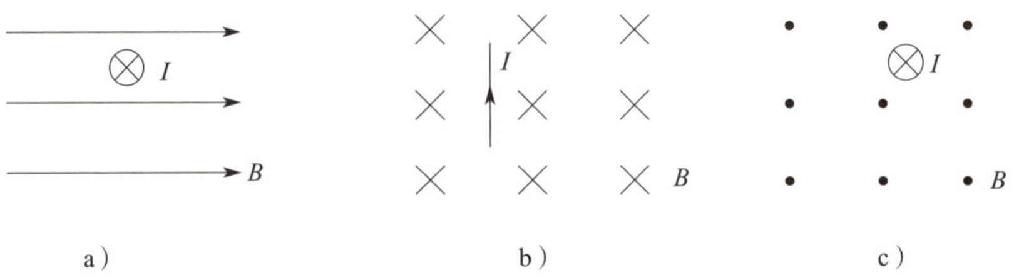

图 5-43　安培力方向的判断

2. 表面粗糙的斜面固定于地面上（图 5-44），并处于方向垂直纸面向外、强度为 B 的匀强磁场中。质量为 m、带电量为 $+q$ 的小滑块从斜面顶端由静止下滑。在滑块下滑的过程中，下列判断正确的是（　　）。

图 5-44　磁场中带电滑块沿斜面滑下

A. 滑块受到的摩擦力不变

B. 滑块到达地面时的动能与 B 的大小无关

C. 滑块受到的洛伦兹力方向垂直斜面向下

D. B 很大时，滑块可能静止于斜面上

3. 带电荷量为 $+q$ 的粒子在匀强磁场中运动，下列说法中正确的是（　　）。

A. 只要速度大小相同，所受洛伦兹力就相同

B. 如果把 $+q$ 改为 $-q$，且速度反向，大小不变，则洛伦兹力的大小、方向均不变

C. 洛伦兹力方向一定与电荷速度方向垂直，磁场方向一定与电荷运动方向垂直

D. 粒子在只受洛伦兹力作用时运动的动能、速度均不变

第四节　法拉第电磁感应定律

观察与探究

在一个闭合的金属线圈附近快速地移动磁铁时，你会发现线圈中产生了电流。这是怎么发生的呢？电流的产生与磁铁的移动速度和方向又有什么关系呢？接下来就让我们一起来探究磁场与电之间的神秘联系。

一、电磁感应现象

在早期，关于电和磁的研究始终独立地进行，直到 1820 年，奥斯特发现了电流的磁效应，揭示了电现象与磁现象之间存在着某种内在联系。电流磁效应的发现引发了一些物理学家关于电磁对称性的思考：既然电能产生磁，那么磁能否产生电呢？包括安培在内的一些科学家都曾尝试验证这一想法，但均未取得成功。法拉第经过长达十年的不懈努力，终于在 1831 年发现了“磁生电”的方法。

如图 5-45 所示，在条形磁铁下放置一密绕线圈，线圈两端接在电流表上，形成一个闭合回路。实验时，通过使磁铁在线圈中间做来回运动，并通过观察电流表指针的偏转情况，来探究是否会产生感应电流。

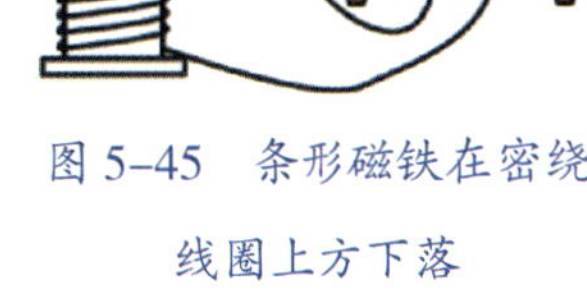

图 5-45　条形磁铁在密绕线圈上方下落

当把条形磁铁的某一磁极插入线圈中时，电流表指针发生了偏转，这表明线圈中产生了电流，这种现象称为**电磁感应**，所产生的电流称为**感应电流**。若磁铁插入线圈后保持不动，电流表指针会回到中间位置，感应电流消失。而当把磁铁从线圈中拔出时，线圈中同样会产生感应电流，但此时电流表指针的偏转方向与插入线圈时相反，说明电流的方向发生了改变。

实验进一步显示，磁铁进出线圈的速度越快，电流表指针的偏转角度越大，即线圈中产生的感应电流越大。此外，如果磁铁保持不动而让线圈上下运动，也能观察到上述的现象，这充分说明磁铁与线圈间的相对运动可以产生感应电流。

分析产生感应电流的原因可以看出，无论是磁铁运动还是线圈运动，都会使线圈中的磁场发生变化，进而导致通过线圈的磁感线条数也相应地改变，本质上是通过线圈的**磁通量**发生了变化。由此而知，**线圈中要产生感应电流必须同时满足两个条件：**其一，线圈所在的电路必须是**闭合回路**；其二，闭合电路中的**磁通量**要发生变化。

思考与讨论

请根据产生感应电流的条件，判断图 5–46 所示的电路中，电流表指针是否会发生偏转，为什么？当蹄形磁铁不动时，导线 ab 水平向左或向右运动；当导线 ab 不动时，蹄形磁铁水平向左或向右运动。

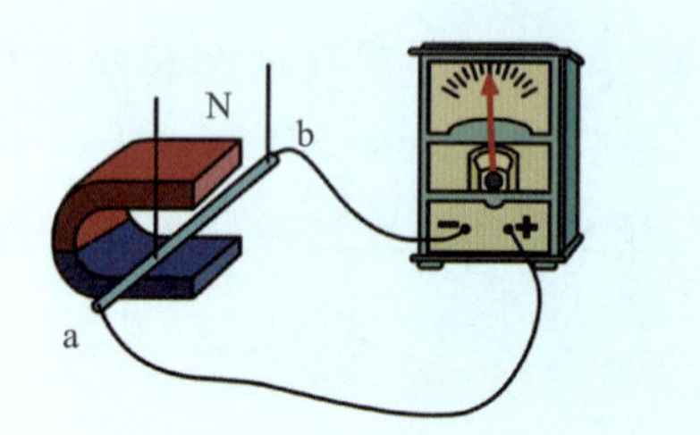

图 5–46　导线切割磁场的实验

知识拓展

在法拉第发现电磁感应现象不久，俄国物理学家楞次提出了一条用于直接确定电路中感应电流方向的法则，即**楞次定律**。

楞次定律指出，**当闭合电路中的磁通量发生变化时，电路中会立即产生感应电流，且感应电流所产生的磁场总是阻碍原电路中的磁通量的变化。**例如在图 5–47 中，当条形磁铁 N 极向下插入水平放置的闭合线圈时，闭合线圈内向下的磁通量增大，此时线圈中会立即产生一个逆时针方向的感应电流 $I_{感}$，根据右手螺旋定则，该感应电流在线圈内部所产生的磁场方向是向上的，从而阻碍了向下的磁通量继续增大。

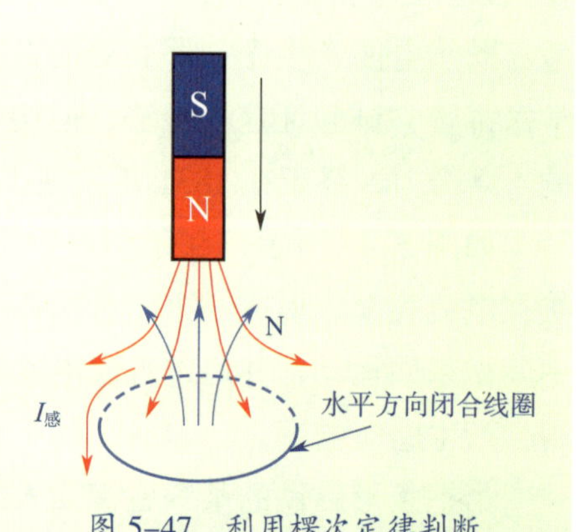

图 5–47　利用楞次定律判断感应电流的方向

二、电磁感应定律

1. 感应电动势

在电磁感应现象中，闭合回路中出现了感应电流，说明回路中一定存在电动势，我们把在电磁感应现象中产生的电动势叫作**感应电动势**。感应电动势相当于电源，用 E 表示，单位为伏特（V）。电路中的感应电流 I 等于感应电动势 E 除以电路中的总电阻 $R_{总}$，即

$$I=\frac{E}{R_{总}}$$

2. 电磁感应定律

感应电动势的大小与哪些因素有关呢？从前面图 5–45 所示的实验结论可知，磁铁进出线圈的速度会影响感应电流的大小，也就是说，感应电动势的大小与磁铁在闭合线圈中进出的速度有关，或者说与磁通量变化的速率有关。

我们把磁铁进出线圈时，闭合线圈磁通量的变化 $\Delta\Phi$ 与发生这个变化所用时间 Δt 的比值称为**磁通量的变化率**。

实验表明，**单匝线圈中感应电动势的大小与穿过线圈的磁通量的变化率成正比，这就是法拉第电磁感应定律**。

法拉第电磁感应定律可用公式表示，即

$$E=\frac{\Delta\Phi}{\Delta t}$$

式中，$\Delta\Phi$ 表示单匝线圈中磁通量的变化量，单位为韦伯（Wb）；Δt 为引起 $\Delta\Phi$ 变化所用的时间，单位为秒（s）；E 为感应电动势，单位为伏（V）。

假设 t_1 时刻穿过闭合电路的磁通量为 Φ_1，t_2 时刻穿过闭合电路的磁通量变为 Φ_2，则由法拉第电磁感应定律，闭合电路中的感应电动势为

$$E=\frac{\Phi_2-\Phi_1}{t_2-t_1}$$

为了获得较大的感应电动势，可采用多匝线圈。若线圈的匝数为 N，且穿过每匝线圈的磁通量变化率都相同，则线圈中的感应电动势就是单匝线圈感应电动势的 N 倍，即

$$E=N\frac{\Delta\Phi}{\Delta t}$$

3. 导体切割磁感线时的感应电动势

根据法拉第电磁感应定律，只要知道磁通量的变化率，就可以算出感应电动势。在导线做切割磁感线运动而使磁通量变化的情况下，

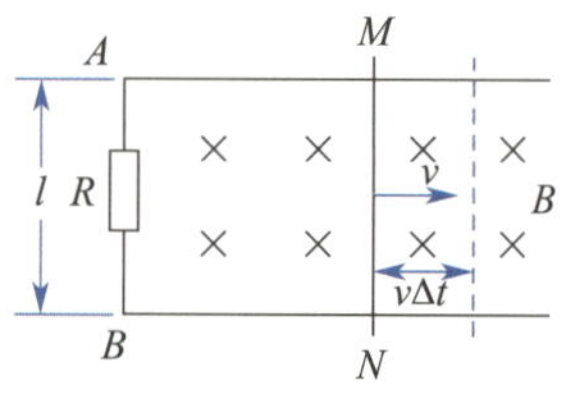

图 5-48 导体切割磁感线时的感应电动势

法拉第电磁感应定律可以表示为一种更简单、更便于应用的形式。

如图 5-48 所示，U 形金属导轨之间的距离为 l，金属棒 MN 垂直导轨水平放置，并以速率 v 向右运动，空间有垂直纸面向里且大小为 B 的匀强磁场。经过时间 Δt，MN 从图中的实线位置运动到虚线位置，那么在时间 Δt 内，闭合电路 $ABNM$ 中磁通量的变化量 $\Delta\Phi=B\Delta S=Blv\Delta t$。由法拉第电磁感应定律可得，闭合电路 $ABNM$ 中的感应电动势 E 为

$$E=\frac{\Delta\Phi}{\Delta t}=\frac{Blv\Delta t}{\Delta t}=Blv$$

在国际单位制中，B、l、v 的单位分别是特斯拉（T）、米（m）、米每秒（m/s）。

因此，当导线做切割磁感线运动时，已知导线长为 l，速度为 v，磁感应强度为 B，如果满足 l、v、B 两两垂直，那么导线上的感应电动势 $E=Blv$。

思考与讨论

在图 5-48 中，我们已经计算出回路中的感应电动势为 Blv。而 MN 导线的长度明显长于 l，MN 整体都在磁场中做切割磁感线的运动，为什么在计算回路中感应电动势时不用 MN 的长度计算？

学以致用

电磁炉又名电磁灶（图 5-49），是一种高效节能的厨具。它与传统明火加热或传导式加热方式不同，热直接在锅底产生，因此极大地提高了热效率。

图 5-49 使用电磁炉烹饪食物

电磁炉是基于电磁感应原理设计的高效电热烹饪装置，它的炉面是耐热陶瓷板，当陶瓷板下方的线圈通有交变电流时，会产生变化的磁场。由于铁锅、不锈钢锅等金属锅底可视为由众多环形线圈组成，当磁场发生变化时，这些“环形线圈”（即金属锅底内的感应回路）中的磁通量也随之变化。根据电磁感应定律，此时会在线圈中产生环形电流，这种电流被称

为涡流。涡流在金属锅底流动，因金属具有电阻产生焦耳热从而使锅底迅速发热，达到加热食品的目的。

电磁炉使用时，在炉面上放置陶瓷锅，能加热食物吗？将手放在炉面上，手会被烫伤吗？为什么？

日新月异

马伟明院士被誉为“中国电磁弹射之父”，他在电气领域拥有卓越的科研成就和深厚的理论造诣，尤其是在解决发电机“固有振荡”这一世界性难题方面做出了重大贡献。

在研究期间，马伟明带领课题组克服了艰苦的实验条件，将一间仅 20 m^2 的洗脸间改造为实验室。经过六年的艰苦努力，他分析了数十万组数据，成功研制出带整流负载的多相同步电机稳定装置，并发明了带稳定绕组的多相整流发电机，彻底解决了这一世界性难题。当有外国企业提出购买他的专利技术时，他坚决拒绝，并表示“专利技术属于我的国家”。

马伟明院士的成就不仅推动了中国电气领域的技术进步，也展现了中国科学家的爱国情怀和科研精神，激励着一代又一代科研工作者，为国家的科技进步和发展不懈奋斗。

练习与巩固

1. 关于感应电动势的大小，下列说法中正确的是（　　）。

A. 与穿过闭合电路的磁通量有关

B. 与穿过闭合电路的磁通量的变化量有关

C. 与穿过闭合电路的磁通量的变化快慢有关

D. 与电路是否闭合有关

2. 当某一电路中的一段导体在磁场中做切割磁感线运动时，不管电路闭合与否，导体（　　）。

A. 一定有感应电流产生

B. 一定有感应电动势产生

C. 一定会产生电流的热效应

D. 一定会受到阻碍切割磁感线运动的力

第五节　交流电及安全用电

观察与探究

法拉第在发现电磁感应现象的同时，也发现了产生交变电流的方法。交变电流的发现与应用给人类的生产生活带来了翻天覆地的变革。如今，输电线将电能输送到城市和乡村，送入千家万户。交变电流每时每刻都在为人类发展提供巨大的支持。接下来，让我们来探索交变电流是如何产生的，以及它在哪些方面影响着人类的生产与生活？

一、正弦交流电

1. 交变电流的概念

电流**大小和方向**都随时间做周期性变化的电流称为**交变电流**，也称交流电，符号为 AC。交流电最基本的形式是**正弦交流电**。图 5–50 所示为交变电流，其中图 5–50b 所示为正弦交流电。

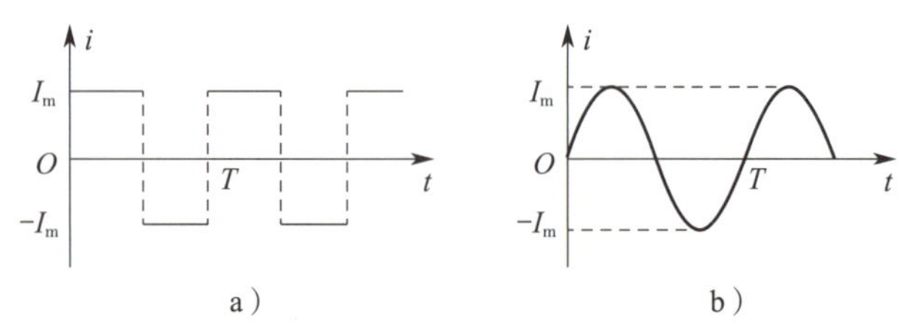

图 5–50　交变电流

2. 正弦交流电的产生

如图 5–51 所示，平面线圈 $ABCD$ 在均匀磁场中绕与磁场方向垂直的轴 OO' 以角速度 ω 匀速转动。由于线圈转动，穿过线圈的磁通量在做周期性变化。根据法拉第电磁感应定律可以推导得出，线圈中的电动势 E 随时间变化的规律为

$$E=E_m\sin\omega t$$

式中，E 表示线圈中电动势的瞬时值，E_m 表示线圈中电动势能够达到的最大值，称为电动势的峰值，ω 是线圈转动的角

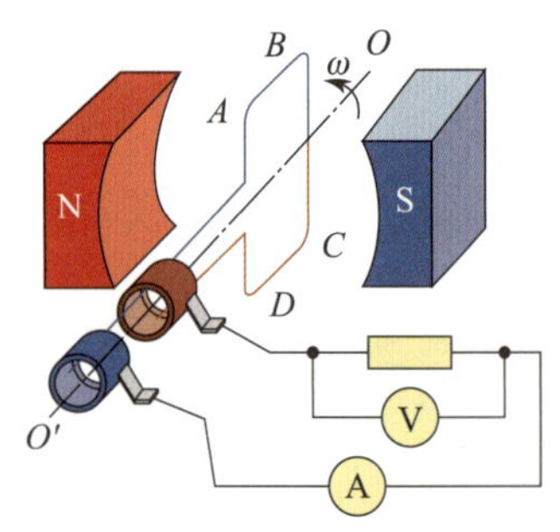

图 5–51　闭合线圈在均匀磁场中匀速转动

速度。当线圈与纯电阻负载连接时，负载中的电流也按正弦规律变化，即

$$i = I_m \sin \omega t$$

式中，i 表示负载电流的瞬时值，I_m 为负载电流的峰值。

这种按正弦规律变化的交变电流叫作**正弦交流电**。

知识拓展

在图 5–51 中，当 N 匝平面线圈 $ABCD$ 以角速度 ω 在均匀磁场中匀速转动时，若以中性面（线圈平面与磁感线垂直时）为起始点，在任意时刻 t，穿过线圈的磁通量为 $\Phi = NBS \cos \omega t$。由法拉第电磁感应定律可知，线圈中的感应电动势最大值 $E_m = BNS\omega$。

3. 正弦交流电变化规律

正弦交流电的周期用 T 表示，$T = \frac{2\pi}{\omega}$，单位为秒（s）；频率用 f 表示，$f = \frac{1}{T}$，单位为赫兹（Hz）。我国工农业生产和日常生活中所使用的交流电，周期为 0.02 s，频率为 50 Hz，接入用户的电压最大值为 $220\sqrt{2}$ V，如图 5–52 所示。

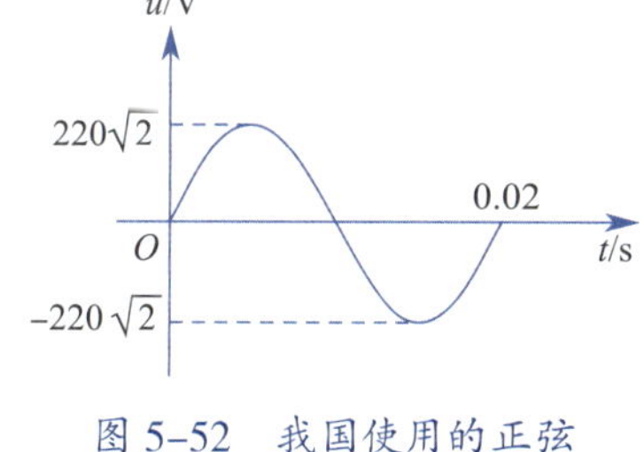

图 5–52　我国使用的正弦交流电的 u–t 图

交流电的**最大值**（U_m 和 I_m）是交流电在一个周期内所能达到的最大数值，可用于表示交流电的电压高低或电流强弱，在实际应用中具有重要意义。例如，将电容器接入交流电路中时，就需要知道交变电压的最大值，以确保电容器所能承受的最大电压高于交变电压的最大值，否则电容器可能被击穿。

交流电的**有效值**是根据**电流热效应**定义的。让交流电和直流电通过相同阻值的电阻，如果它们在交流电**一个周期的时间内产生的热量相等，就把这个直流电的数值称为交流电的有效值**。计算表明，正弦交流电的有效值与最大值的关系是

$$U_{有效} = \frac{U_m}{\sqrt{2}}$$

$$I_{有效} = \frac{I_m}{\sqrt{2}}$$

我们通常所说家庭用电电压是 220 V，便是指有效值。各种电气

设备上标注的额定电压和额定电流，以及电流表和电压表测量的数值，也都是有效值。**除非特别说明，交流电的数值都是指有效值。**

思考与讨论

根据电表指针偏转的原理，请问为什么电流表和电压表测量的数值为有效值，而不是最大值或者平均值？

学以致用

有一如图 5-53 所示的部分正弦交流电。该交流电的周期为 0.02 s、频率为 50 Hz，电压的最大值 $U_m=220$ V，在一个周期内产生的热量 Q' 为完整的正弦交流电产生热量 Q 的一半，根据交流电有效值的定义，$Q=\left(\dfrac{U_m}{\sqrt{2}R}\right)^2RT$，所以有 $Q'=\dfrac{Q}{2}=\left(\dfrac{U_{有效}}{R}\right)^2RT$，因此，该交流电的电压有效值 $U_{有效}=110$ V。

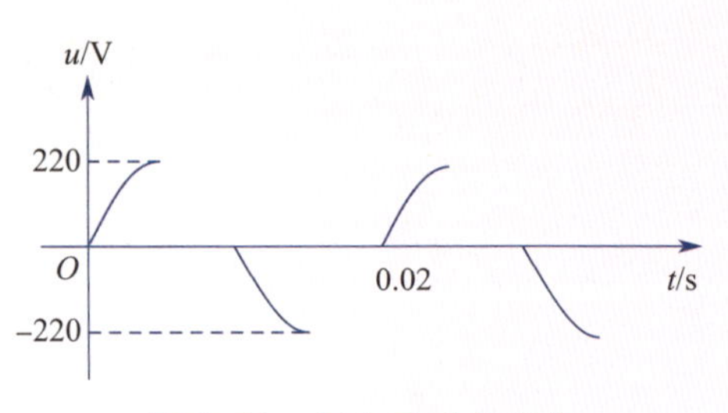

图 5-53　部分正弦交流电

4. 交流电的应用

交流电（AC）在现代生活中有着广泛的应用，几乎涵盖了所有电子设备和电力系统。

家庭用电中的许多设备，如电视、计算机、灯具、冰箱、洗衣机等，都依赖交流电工作。在大容量电力传输和分配中，交流电也具有显著优势。它可以在远距离电力传输中减少能量损失，也可以通过变压器轻松升高或降低电压，以适应不同设备的需求。许多工业设备，如车床、铣床等，使用交流电作为动力源。医疗领域中的各种医疗设备，如心电图机、超声波扫描仪、CT 扫描仪和核磁共振设备等，也依赖交流电运行。

二、安全用电

1. 触电现象

随着电气化程度的提高，电能的使用日益广泛，人们接触电气设备的机会也越来越多。**我们把人体因接触高压带电体而承受过大的电流，导致局部受伤或死亡的现象，称为触电。**

当电流通过人体时，由于人体各部分存在电阻，会产生焦耳热，可能导致触电者烧伤甚至局部机体炭化。此外，电流的化学反应会引起人体内部组织发生电解作用，严重时会导致机能失常，对人体造成严重伤害甚至死亡。

2. 触电方式

一般情况下，人体能承受的安全电压是 36 V，安全电流是 10 mA， 低于这些值的电压或电流不会致命，人体可以正常摆脱；而高于这些值的电压或电流人体无法正常摆脱而触电，有可能引发致命危险。

常见的触电方式包括以下几种：

（1）单线触电

家庭用电器一般接在两线交流电上，即火线和零线，火线电压为 220 V，零线电压为 0 V。当站在地面的人体不小心接触火线或者与火线相接的带电体时，电流会从火线经人体流向大地，造成触电，如图 5-54 所示。人体接触零线通常不会触电，但是在三相交流电中，若火线电流不平衡，零线对地的电压可能会升高，当零线电压超过 36 V 时，同样会造成触电事故。

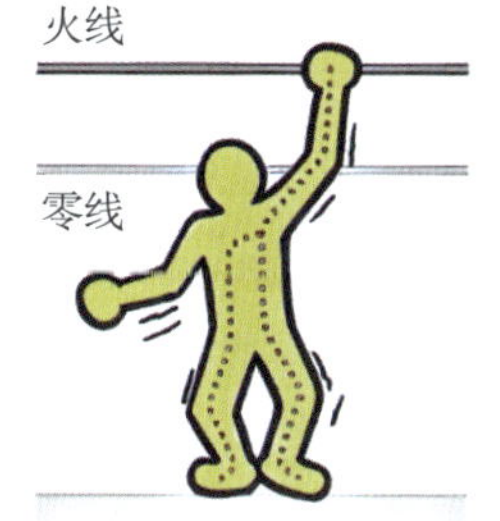

图 5-54 单线触电

（2）双线触电

当人体不同部位（如双手）同时触及火线和零线时，即使不与大地接触，电流也会从火线经人体流向零线，这是最严重的触电事故。通过人体的电流将远远超过人体能够承受的安全值，在 0.1 s 内就可能致命，如图 5-55 所示。

图 5-55 双线触电

（3）跨步电压触电

当架空线路的一根带电导线断落在地面时，落地点与带电导线的电势相同，电流会从落地点向大地流散，形成以导线落地点为中心的电势分布区域。离落地点越远，地面电势也越低。如果人或牲畜站在距离电线落地点 8 ~ 10 m 以内，且双脚踩在不同电势的位置上时，就可能发生触电事故，这种触电称为**跨步电压触电**，如图 5-56 所示。

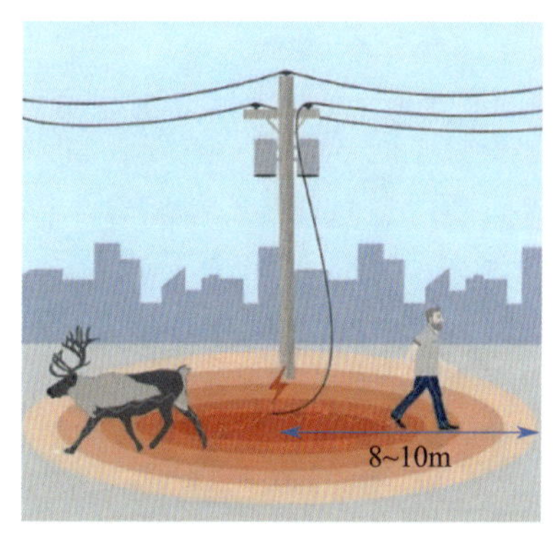

图 5-56 跨步电压触电

3. 触电急救

触电急救是挽救生命的关键，正确的急救措施能够有效降低触电者的伤害风险，挽救触电者的生命。

迅速脱离电源　触电急救的首要任务是切断电源，以防止电流持续对触电者造成伤害。如果无法切断电源，可以使用绝缘物体（如木棒、竹竿等）将电线挑离触电者身体，使其脱离电流。**切勿用手直接去拉触电者，**以免自身触电。

简单诊断及急救方法　在触电者脱离电源后，应立即进行急救。如果触电者神志清醒，呼吸心跳均自主，应使其就地平卧，并密切观察，避免其站立或走动，以防继发性休克或心衰。如果触电者丧失意识且呼吸、心跳都停止，应立即进行心肺复苏抢救，并呼叫救护车。心肺复苏的操作步骤为：先进行 30 次连续的胸外按压，再进行 2 次人工呼吸，循环进行直到救护车到达或触电者恢复呼吸和心跳。

4. 防止触电的保护措施

发生触电事故的主要原因包括缺乏安全用电知识、违反操作规程、设备维护检修不及时以及电器设备安装不合理等。为防止触电事故，需要采取一系列具体措施。

安全用电知识方面，需要注意以下事项：使用电器设备前，检查电源线和插头是否完好，避免使用破损设备；避免过度拉扯或扭曲电源线，防止线路破损或接触不良；避免用湿手或湿布接触电器设备；发现设备故障时，立即停止使用，并联系专业人员维修。

电器设备使用方面，需要注意以下事项：选择符合安全标准的电器设备和器材，了解电器设备的基本知识和安全操作规程；定期检查电器设备和线路的运行状况，及时排除隐患；将电器设备进行绝缘保护；在电器设备和线路周围设置屏障和围栏等，防止意外接触；避免将电器设备放置在潮湿、高温或易接触液体的环境中；发现设备故障或异常时，立即停止使用，并联系专业人员进行检修。

安全用电是保障生命和财产安全的重要环节。通过加强用电管理、普及用电安全知识、采取有效防护措施，可以有效预防触电事故的发生。每个人都应重视安全用电，共同营造安全的用电环境。

日新月异

特高压输电是指利用交流或直流输电技术，在电压等级超过 1 000 kV 的电力系统中进行电能传输。特高压输电技术具有输电容量大、输电距离远、线路损耗低、能源利用效率高、对环境影响小等优点，是当今世界电力工业发展的前沿领域，也是实现电力大容量、高效率、远距离传输的重要方式。我国特高压远距离输电网如图 5-57 所示。

图 5-57　我国特高压远距离输电网

经过十几年的努力，中国在特高压输电技术领域取得了显著成就，不仅赶超国际先进水平，成为全球领先者，还在国际上制定了特高压输电的中国标准。

练习与巩固

1. 下列关于交变电流的说法中，正确的是（　　）。

A. 交变电流的方向始终保持不变

B. 交变电流的大小随时间变化，但方向不变

C. 交变电流的大小和方向均随时间作周期性变化

D. 交变电流的有效值总是等于其最大值的 1/2

2. 在正弦交变电流中，关于最大值（峰值）与有效值的关系，以下说法正确的是（　　）。

A. 有效值的大小始终等于峰值的两倍

B. 最大值和有效值均随时间周期性变化

C. 有效值等于峰值的 $\frac{\sqrt{2}}{2}$ 倍（约 0.707 倍）

D. 峰值为有效值的 2 倍

3. 关于人体触电方式的说法，下列说法正确的是（　　）。

A. 单线触电时，人体只接触火线紧靠墙壁站在绝缘物上，不会有电流通过身体

B. 双线触电（双手同时接触火线和零线）时，电流直接流经心脏，危险程度最高

C. 跨步电压触电是由于高压线断裂落地，单脚站立时形成电流回路导致的

D. 低压系统的单线触电不会致死，因此无需采取安全防护

融会贯通

本章主要介绍了电场、电场强度、电势，磁场、安培定则、磁通量、磁场对电流及运动电荷的作用、法拉第电磁感应定律、交流电及安全用电等知识内容。电场、电场强度、电势部分，重点是掌握电场强度的定义及特点，掌握电势、电势差的定义及在匀强电场中与电场强度之间的关系，难点是电势能的概念及电场力做功与电势差之间的关系。磁场、安培定则、磁通量部分，重点是掌握磁感应强度的定义、右手螺旋定则、磁场方向的表示、磁通量的定义，难点是磁通量的计算。磁场对电流及运动电荷的作用部分，重点是掌握安培力大小的计算及方向的判断、洛伦兹力大小的计算及方向的判断，难点是任意通电导线上安培力的合力的计算。法拉第电磁感应定律部分，重点是掌握电磁感应现象、法拉第电磁感应定律、感应电动势的求法，难点是感应电流方向的判断。交流电及安全用电部分，重点是掌握交流电的概念、三种触电方式。

通过本章知识的学习，有助于学生形成对自然界中电磁现象统一认识的物理观念，还能进一步培养创新的科学思维和实践能力，提升分析问题、解决问题的能力。

第六章

光现象及其应用

光不仅使我们看到一个清晰明亮、多姿多彩的世界，在当今信息时代，光还为我们的生活带来了前所未有的便捷与舒适。因此，在享受光所带来的种种方便之时，我们也应当深入了解光传播的基本规律，以便更好地为生产生活服务。

本章就让我们一起来探究光现象，了解光现象背后的规律及在生产生活中的应用。

学习目标

1. 掌握光在同种介质中直线传播的物理模型，理解折射率的物理概念，理解光的折射定律，了解光的全反射现象及其产生的条件，能计算临界角的大小，能解释生活中常见的全反射现象。

2. 了解光的干涉、衍射、偏振现象，了解光的干涉条件，了解单缝衍射条纹形状与缝宽之间的关系，了解偏振光的概念，了解偏振片在立体电影中的应用。

3. 通过学习，增加对相关光学现象的感性认识，提升操作简单实验的能力，能解释简单的光学现象，解决生活中简单的光学问题。

第一节　光的反射、折射与全反射

观察与探究

图 6–1 所示为湖水中的倒影照片，照片中湖水完美地“影印”了湖边的堤、树、山和天空中的云彩，形成了独特的视觉效果。

湖水是如何“影印”它周围风景的呢？

图 6–1　湖水中的倒影照片

我们在初中已经学过，**光在同种均匀介质中沿直线传播**。在物理学中，常用一条带箭头的直线表示光的传播路径和方向，这条直线称为**光线**。它也是人们为了研究方便而建构的一种物理模型，如图 6–2 所示。

日常生活中我们看到的小孔成像、影子、日食、月食等现象都是光的直线传播的结果。图 6–3 所示为日食的形成过程。

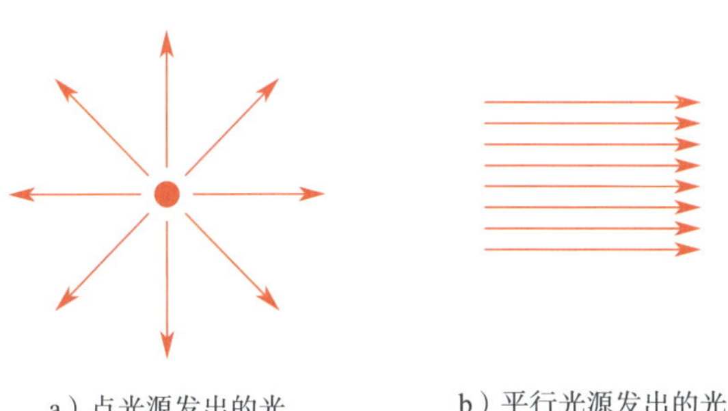

a）点光源发出的光　　b）平行光源发出的光

图 6–2　光线

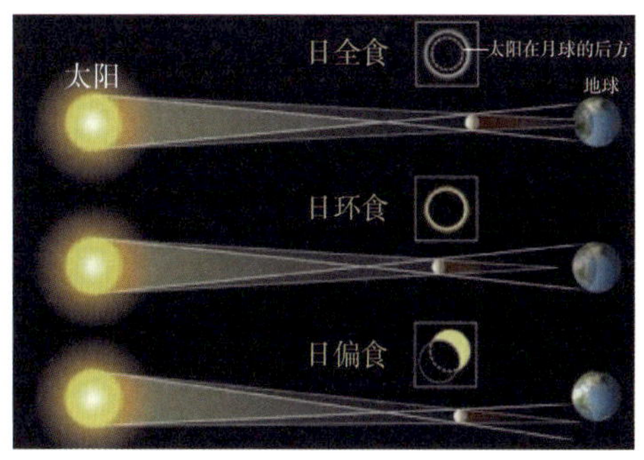

图 6–3　日食的形成过程

一、光的反射

光从介质 1 射到介质 1 与介质 2 的分界面时，一部分光会返回到介质 1 中，这种现象叫**光的反射**，如图 6–4 所示。

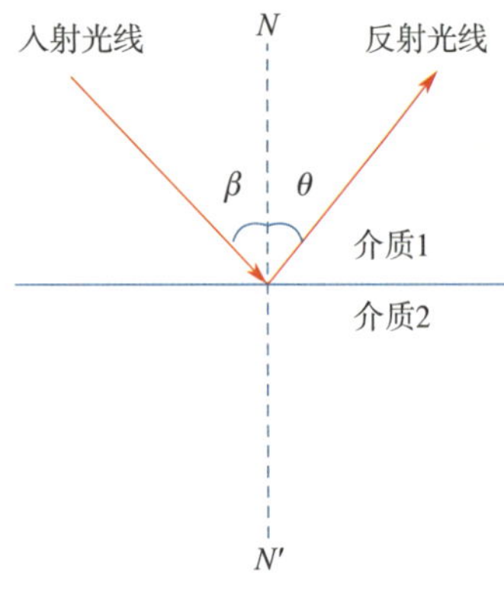

图 6–4　光的反射

当发生反射现象时，反射光线、入射光线与法线 NN' 处在同一平面内，反射光线和入射光线分别位于法线的两侧；反射角等于入射角，即 $\theta=\beta$。这就是**光的反射定律**。

二、光的折射

光从介质 1 射到介质 1 与介质 2 的分界面时，一部分光会进入介质 2，这种现象叫**光的折射**，如图 6–5 所示。图中入射光线与法线间的夹角 θ_1 叫入射角，折射光线与法线间的夹角 θ_2 叫折射角。例如，将铅笔放入水中，可以看到铅笔好像被“折断”（图 6–6），这是典型的光的折射现象。

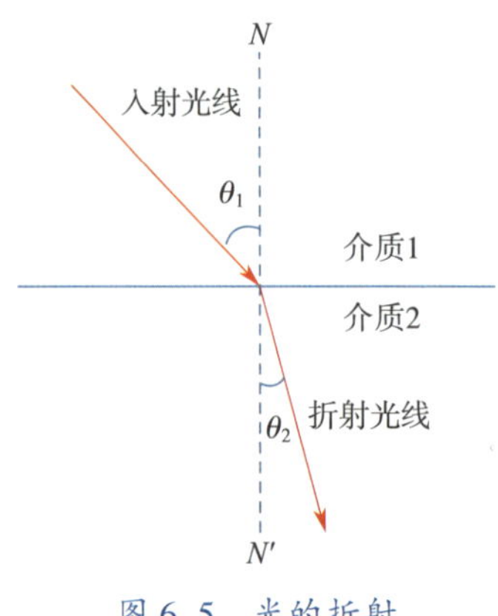

图 6–5　光的折射

图 6–6　铅笔在水中的折射现象

1621 年，荷兰数学家斯涅耳在分析了大量实验数据后得出结论：折射光线与入射光线、法线处在同一平面内，折射光线与入射光线分别位于法线的两侧；**入射角的正弦值与折射角的正弦值成正比。这就是光的折射定律**。用公式表示为

$$\frac{\sin\theta_1}{\sin\theta_2}=\frac{n_2}{n_1}$$

式中，n_2 为介质 2 的折射率，n_1 为介质 1 的折射率。

三、介质的折射率

设光在真空中的折射率为 1，当光从真空射入某种介质发生折射时，入射角 θ_1 的正弦值与折射角 θ_2 的正弦值之比，叫作这种**介质的折射率**。即

$$n=\frac{\sin\theta_1}{\sin\theta_2}$$

介质的折射率大小与入射角、折射角的大小无关，只与介质的性质和入射光的频率有关。对于不同的介质，折射率 n 一般不同（表 6–1）。需要说明的是，空气与真空的性质十分接近，有时可以忽略两者的差别，认为空气的折射率也为 1。

表 6–1　常见介质的折射率

介质种类	折射率
金刚石	2.42
各种玻璃	1.5 ~ 1.9
水晶	1.55
甘油	1.47
酒精	1.36
水	1.33
空气	1.000 28

例题

某类玻璃的折射率是 1.55，水的折射率是 1.33，当光线以 30° 入射角从空气分别射入这两种介质时，问：

（1）光线的折射角分别是多少？

（2）从计算结果看，当光线从空气入射时，若入射角一定，折射角大小与介质的折射率大小之间有什么关系？

解：（1）由 $n=\frac{\sin\theta_1}{\sin\theta_2}$ 可知，$\sin\theta_2=\frac{\sin\theta_1}{n}$。

当介质为玻璃时，$\sin\theta_2=\frac{\sin\theta_1}{n}=\frac{\sin30^\circ}{1.55}=0.323$，所以折射角 $\theta_2=18.8^\circ$。

当介质为水时，$\sin\theta_2=\frac{\sin\theta_1}{n}=\frac{\sin30^\circ}{1.33}=0.376$，所以折射角 $\theta_2=22.1^\circ$。

（2）从计算结果可以看出，当入射角一定时，光线的折射角随着介质折射率的增大而减小。也就是说，折射率越大的介质，对光线的偏折程度也越大。

知识拓展

光的本质是一种复杂的物理现象，**既具有波动性又具有粒子性**。光的粒子性体现在光是由基本粒子构成，这种基本粒子我们称之为光子。光子的能量和它的频率成正比，其表达式为 $E=hv$（E 为光子能量，h 为普朗克常数，v 为光子频率）。光的波动性体现在光也是一种电磁波，具有电磁波的所有性质。在电磁波谱中，可见光的波长范围处于 400～700 nm 之间。光的直线传播、光的反射和折射等现象都是光的粒子性的表现；光的干涉、衍射和偏振现象则是光的波动性的表现。

学以致用

光的色散原理是，复色光通过某种介质（如棱镜）时，由于介质对不同频率的光具有不同的折射率，使得各色光因折射角不同而发生分离的现象。一般而言，光的频率越高，介质对其的折射率越大，光线偏折现象也越明显。如图 6-7 所示，当白光射入到三棱镜上时，会被分离成彩色光谱。由于红光频率最低，紫光频率最高，因此从上往下观察，最上面为偏折程度最小的红光，最下面为偏折程度最大的紫光。

图 6-7　三棱镜的色散

光的色散现象不仅在光学领域具有重要意义，还在光谱分析、光学仪器制造、彩色摄影等多个领域都有广泛应用。

四、光的全反射

1. 光密介质和光疏介质

两种介质相比较，折射率较大的介质叫**光密介质**，折射率较小的介质叫**光疏介质**。

当光由光疏介质斜射入光密介质时，折射角小于入射角；反之，当光由光密介质斜射入光疏介质时，折射角大于入射角。

光在不同介质中传播时频率保持不变，但传播速度会发生变化。光在光疏介质中的传播速度大于在光密介质中的传播速度。

2. 全反射

当光从光密介质射入光疏介质，会同时产生光的反射和折射，反射角等于入射角，折射角大于入射角。当入射角增大到某一特定角度，**使折射角达到 90° 时，折射光完全消失，只剩下反射光，这种现象叫光的全反射现象**。折射角为 90° 时的入射角称为**全反射的临界角**，用 C 表示。

从能量角度看，当入射角增大时，反射光强度增大，折射光强度减弱；当入射角增大到临界角时，折射光强度为零，发生全反射现象。

光由折射率为 n 的介质射入空气（真空）时，临界角 C 与 n 的关系是

$$\sin C=\frac{1}{n}$$

知道某种介质的折射率，就可以用上式求出光从这种介质射到空气（或真空）界面时的临界角。水的临界角为 48.8°，各种玻璃的临界角为 32° ~ 42°，金刚石的临界角最小，为 24.5°。金刚石经过一定方式的切割，往往使进入其中的白光经过多次全反射后才从某个表面射出。因此，由于光的色散现象，金刚石总会呈现出五彩斑斓的色彩。

思考与讨论

清晨阳光下草叶上的露珠显得很明亮，玻璃中的气泡看起来特别明亮。你能用全反射的知识来解释这些现象吗？

日新月异

我们常常听说的**“光纤通信”**就是利用了光的**全反射**原理。光纤是光导纤维的简称，光导纤维是一种非常细的特制玻璃丝，直径只有几微米到一百微米，主要由纤芯、包层和起保护作用的涂覆层组成（图 6–8）。纤芯的折射率比包层大，

因此当光传播时在纤芯与包层的界面上会发生全反射，从而使得能量损耗极小，这一特性使得光纤能够支持远距离传输。光纤通信的主要优势是通信容量大，此外，光纤通信还有衰减小、抗干扰性强等多方面的优势。医学上常用光纤制成内窥镜，用来检查人体的食道、胃、肠等器官。

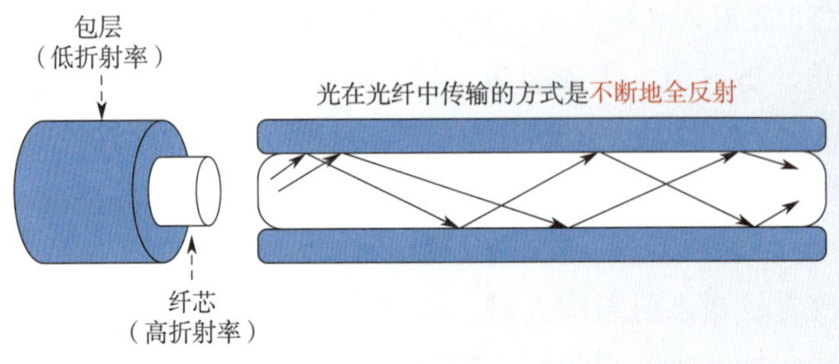

图 6-8　光纤

练习与巩固

1. 如图 6-9 所示，光在玻璃和空气的界面 MN 同时发生了反射和折射，以下说法正确的是（　　）。

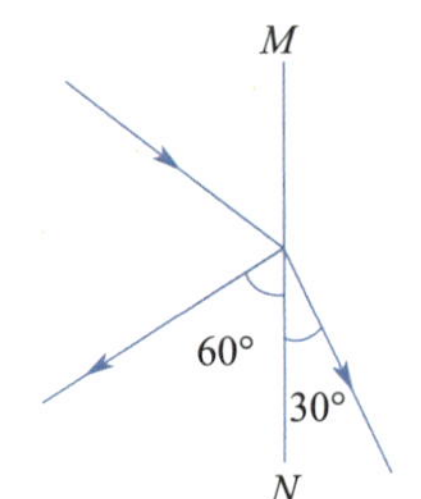

图 6-9　光的反射和折射

A. 入射角为 60°，界面右侧是空气

B. 折射角为 30°，界面右侧是玻璃

C. 入射角为 30°，界面左侧是空气

D. 折射角为 60°，界面左侧是玻璃

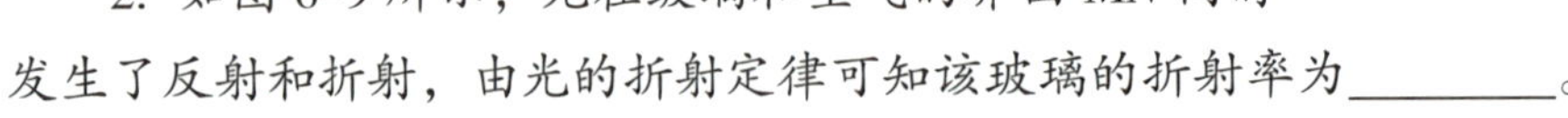

2. 如图 6-9 所示，光在玻璃和空气的界面 MN 同时发生了反射和折射，由光的折射定律可知该玻璃的折射率为________。

3. 下列关于光导纤维的说法中正确的是（　　）。

A. 纤芯的折射率比包层的大，光传播时在纤芯与包层的界面上发生全反射

B. 纤芯的折射率比包层的小，光传播时在纤芯与包层的界面上发生全反射

C. 波长越短的光在光纤中传播的速度越大

D. 频率越高的光在光纤中传播的速度越大

第二节 光的干涉、衍射及偏振

观察与探究

人们常常能观察到这样一些现象：肥皂泡在阳光下呈现五彩斑斓的颜色（图 6–10），水面上的油膜表面有明显的彩色条纹（图 6–11）。肥皂泡和油膜本身无色，为什么会呈现如此美丽的颜色呢？

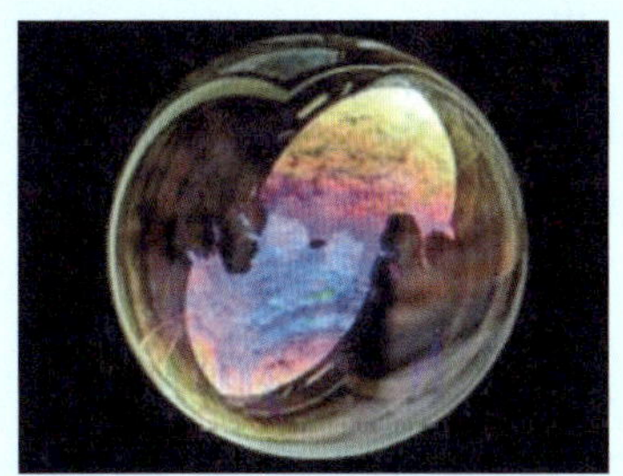

图 6–10 阳光下的肥皂泡

图 6–11 水面上的油膜

一、光的干涉

1. 产生干涉的条件

我们知道，当两列光波在空间相遇时，若满足以下三个条件：①光波的振动方向一致，②光波具有相同的振动频率，③两列光波在相遇处具有稳定的相位差，则这两列光波叫相干光波。在它们的重叠区内，会形成稳定且明暗相间的条纹分布，这种现象叫作光的干涉。

思考与讨论

教室里两盏日光灯能够产生干涉吗？为什么？

为什么说激光是很好的相干光？

2. 薄膜干涉

将细金属丝制成的圆环放入肥皂水中后取出，圆环内会形成肥皂液膜，使肥皂液膜处于竖直平面内，肥皂液膜在重力作用下会形成上薄下厚的楔形膜。当自然光照射到楔形膜上时，由于液膜厚度不同，来自前后两个面的反射光相互叠加，发生干涉，在楔形膜上将出现明暗相间且平行的彩色条纹，这种现象叫作薄膜干涉，如图 6–12 所示。

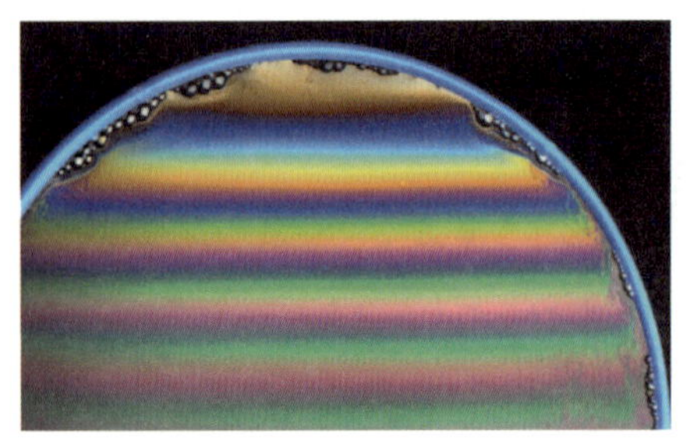
图 6–12　薄膜干涉

劈尖干涉也是一种薄膜干涉，如图 6–13 所示。将两块平板玻璃叠放在一起，在右端夹入一张纸片，从而在两玻璃之间形成一个劈形空气薄膜。当光从上方照射时，在空气薄膜的上表面会出现明暗相间且相互平行的干涉条纹。

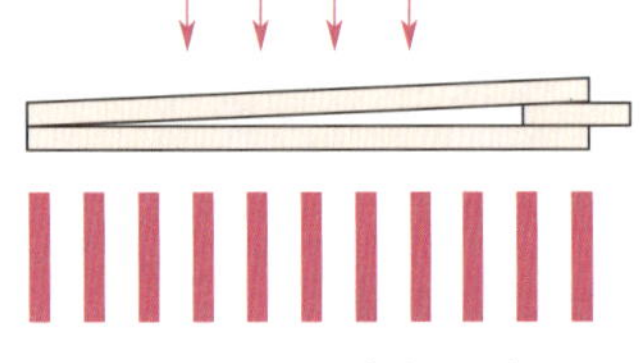
图 6–13　劈尖干涉

利用劈尖干涉的这种特性，可以检测精密光学元件表面的平滑度。如图 6–14 所示，**如果待测工件表面不平整，对应位置薄膜厚度改变，将会使干涉条纹弯曲或畸变。劈尖干涉还可以用来测定光学薄膜的厚度和折射率，**具有高分辨率、非接触、无损且快速等优点。

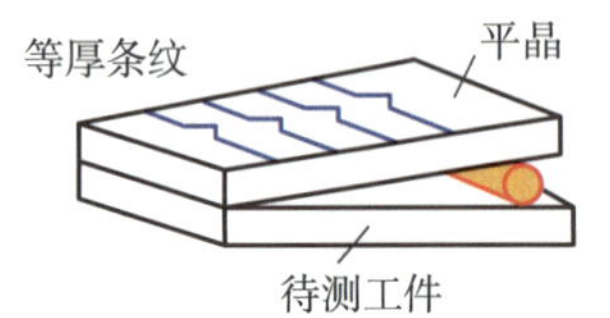

图 6–14　利用劈尖干涉检测精密光学元件表面的平滑度

二、光的衍射

我们知道，水波能够绕过障碍物传播。那么光作为一种电磁波，是否也具有绕过障碍物传播的特性呢？

让一束单色平行光通过挡板上一个宽度可调的狭缝，投射到狭缝后面的光屏上，如图 6–15 所示。按照光沿直线传播的特性思考，光屏上应该只有一条亮缝，但实际情况呢？

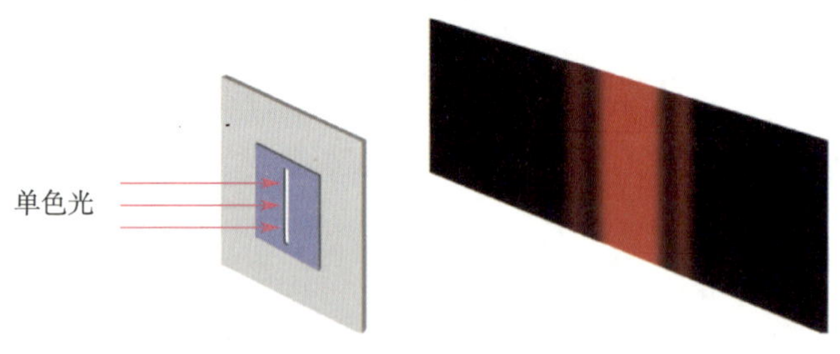

图 6–15　单缝衍射

调节狭缝的宽度，我们发现，当狭缝比较宽时，光沿着直线通过狭缝后，在光屏上产生一条与狭缝宽度相当的亮缝。但是，**随着狭缝宽度越来越窄，中心亮条纹的亮度有所降低，但是光线照射范围越来**

越宽，而且在光屏上呈现出明暗相间的条纹。这表明，光没有沿直线传播，它绕过了缝的边缘，传播到狭缝宽度以外的地方。这就是光的衍射现象。图 6–16 所示为红光通过狭缝宽度分别为 0.4 mm 和 0.8 mm 时，光屏上呈现的条纹形状。

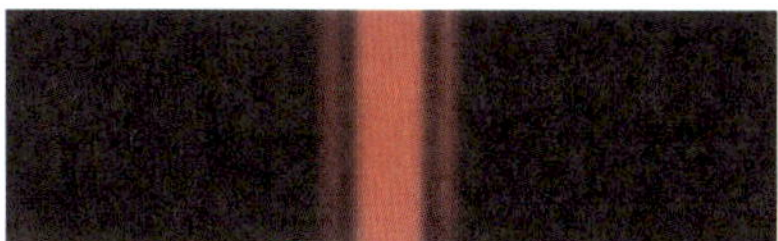

图 6–16　不同缝宽的单缝衍射条纹形状

三、光的偏振

在电影院看 3D 电影时，我们需要戴一副特制的眼镜，这样才能看到逼真的视觉效果，如果裸眼观看，屏幕上的图像反而模糊不清。这是为什么呢?

1. 偏振现象

光的偏振，是指光波的振动方向只在一个特定平面上的现象。正常的光波没有偏振，它的振动方向在各个平面上均匀分布。然而，当光波通过某些介质的作用，振动方向被限制在一个特定的方向上，这就是光的偏振现象。

光的偏振现象被广泛应用于光学器件制造，如偏振片、偏振镜以及液晶显示器等，这些器件利用光的偏振特性来实现对光的选择性传输和控制。

2. 偏振光的产生

偏振片是一种特殊的光学器件，它能够选择性地吸收或者透过特定方向的光线，使自然光通过某一偏振片时，透射出来的光为偏振光（又叫线偏振光），如图 6–17 所示。

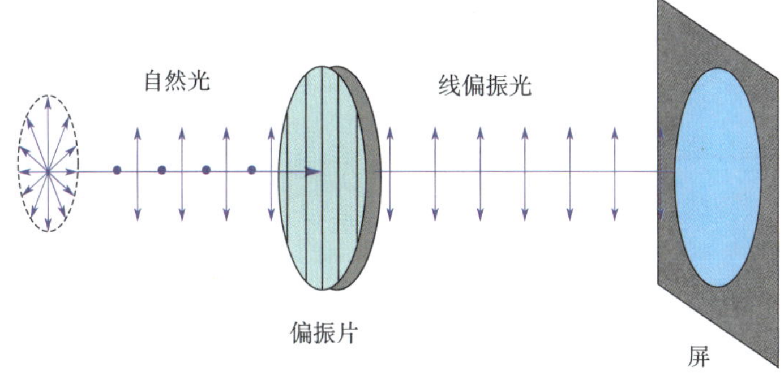

图 6–17　偏振光的产生

知识拓展

自然光通过某偏振片时，出射的光即为线偏振光。我们把产生线偏振光的偏振片叫起偏器。那么该如何判断出射光是否为线偏振光呢？为此，在出射光后放置另一个偏振片，又叫检偏器，用以检验入射到检偏器上的光是否为线偏振光（图 6–18）。通过旋转检偏器的方向，我们发现：当检偏器旋转到某一特定位置时，屏上的透射光最强；再旋转 90°，屏上光强变为最暗。由此，我们可以判断入射到检偏器上的光为线偏振光。当屏上光强最强时，检偏器的透振方向与入射光的振动方向相同，光全部通过检偏器；而当屏上光强最暗时，两者振动方向垂直，此时没有光通过检偏器。

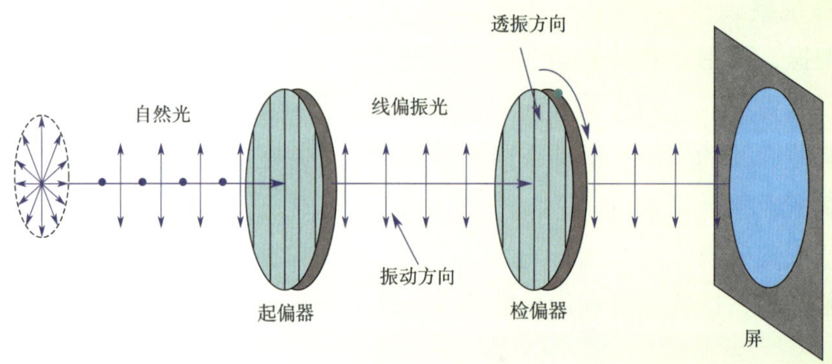

图 6–18　利用检偏器判断光的偏振现象

学以致用

偏振 3D 技术

在偏振 3D 技术中，通常使用两种振动方向相互垂直的偏振光来分别呈现左右眼各自的图像。左右眼图像会同时投射到屏幕上，观众需佩戴一副特制的眼镜来观看，这副眼镜就是一对偏振方向互相垂直的偏振片。当戴上眼镜后，观众的左眼只能看到左眼图像，右眼只能看到右眼图像，经过大脑处理从而产生了立体的视觉效果（图 6–19）。

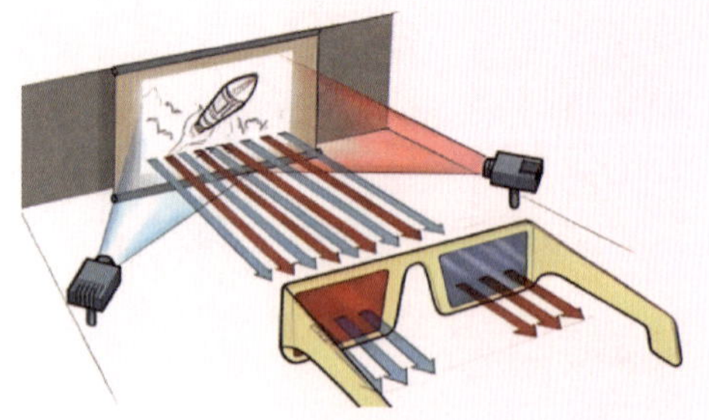
图 6–19　利用偏振眼镜观看立体电影

日新月异

物联网技术已在诸多领域得到广泛应用，涵盖工业制造、农业生产、健康医疗、电力能源以及环境保护等。在物联网的基础建设、产业应用和创新发展方面，我国已处于世界领先地位。截至 2023 年底，物联网终端连接数已突破 23 亿户。

物联网的蓬勃发展得益于我国高水平 5G 基础设施的有力支撑，我国已建成的 5G 基站数量达到 328.2 万个，如图 6-20 所示。在这条由光纤通信架设的现代信息高速公路上，我国已实现跨越式发展，建成了全球规模最大、技术领先的通信网络和移动宽带网络。此外，我国在光通信设备、光模块器件、光纤光缆等核心技术领域也达到了国际领先水平。

快速发展的物联网产业彰显了数字技术的巨大影响力，它正在重塑各行各业并推动社会经济的变革。

图 6-20　物联网

练习与巩固

1. 下列现象中，属于光的衍射现象的是（　　）。

A. 雨后天空出现彩虹

B. 通过一个狭缝观察日光灯可看到彩色条纹

C. 给眼镜镀膜后可以防止紫外光的射入

D. 在太阳光照射下，水面上的油膜出现彩色条纹

2.（多选）光学理论知识在科学技术、生产和生活中有着广泛的应用，下列说法正确的是（　　）。

A. 立体电影利用了光的干涉现象

B. 用三棱镜观察白光看到的彩色图样是利用光的衍射现象

C. 在光导纤维束内传送图像是利用光的全反射现象

D. 拍摄日落时水面下的景物时，在照相机镜头前装一个偏振片可减弱水面反射光的影响（水面反射光为偏振光）

融会贯通

本章主要介绍了光的反射、折射及全反射，以及光的干涉、衍射及偏振两节知识内容。在光的反射、折射及全反射部分，重点是掌握介质折射率的概念、光的折射定律及全反射的概念，难点是光的折射定律和全反射临界角的计算。在光的干涉、衍射及偏振部分，重点是掌握光的干涉条件、干涉现象、衍射现象及偏振光的概念，难点是薄膜干涉及偏振光的应用。

通过本章的学习，学会利用身边简易的实验装置进行实验探究。例如，利用激光笔和玻璃砖等材料，测定玻璃的折射率；在阳光下观察肥皂泡表面的彩色条纹；通过将两个偏振片与眼睛排成一直线，转动其中一个偏振片的方向，观察自然光的偏振现象等。增强合作交流能力，培养实验观察、操作技能、科学论证等科学素养。

第七章

原子结构及核能

随着人工智能（AI）技术的蓬勃发展，高运算能力所带来的高能耗问题日益凸显，与此同时，现代社会的生产生活对能源的需求也在不断增加，然而资源枯竭已对人类社会发展构成严峻挑战。

在受控核裂变反应中，燃料棒中的铀和钚能够释放出巨大的能量，为发电提供持续稳定的动力。然而，核裂变燃料资源的有限性、强烈的辐射危害以及放射性废料处理等诸多难题，促使人们开始寻求更为理想的能源解决方案。可控核聚变因其核反应物料蕴藏丰富、反应过程清洁等显著优势，成为科学家关注的焦点。

本章我们将深入探索原子结构与核能的奥秘，了解核能在生产生活中的实际应用，展望可控核聚变技术的发展前景。

学习目标

1. 了解人类探索原子结构的历史，通过 α 粒子散射实验，了解原子的核式结构模型。了解质子、中子的发现过程和原子核的组成。

2. 了解质量亏损、核能、链式反应、临界体积及重核裂变等概念，了解热核反应、轻核聚变等概念，关注核技术应用对人类生活和社会发展的影响。

3. 通过学习，增加对相关原子结构和核能的感性认识，了解核能在生产生活中的应用潜力，认识科学技术对社会发展的重要性。

第一节　原子结构　原子核的组成

观察与探究

我们知道物质是由原子、分子等微观粒子组成的。利用扫描隧道显微镜可以将 48 个铁原子排成如图 7–1 所示的原子围栏。

那么原子的结构又是怎样的呢？

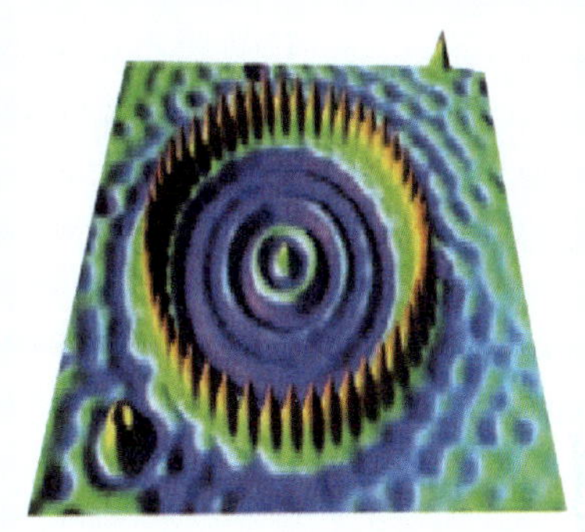

图 7–1　原子围栏

一、电子的发现

在 19 世纪 80 年代以前，科学界普遍认为原子是构成物质的最小单元。直到 1897 年，英国物理学家汤姆逊通过一系列对阴极射线管的实验，首次证实了电子的存在，并测定了电子的比荷（电荷与质量的比值），为原子结构的深入研究奠定了基础。

图 7–2 所示为汤姆逊在实验中所使用的阴极射线管示意图，由阴极 K 发出的射线依次通过缝隙 A、B 以及两片平行的金属板 D_1、D_2 之间的磁场，最终打到带有标尺的荧光屏上，通过观察屏上发光的位置（如 P_1，P_2，P_3…），可以研究阴极射线的运动轨迹。

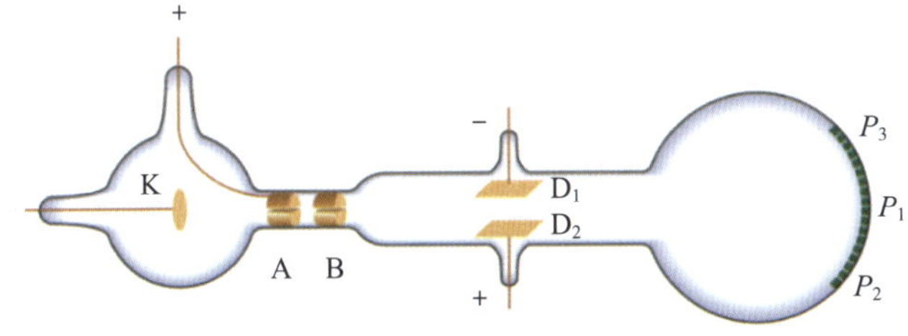

图 7–2　阴极射线管示意图

实验证明，阴极射线是由带负电的粒子流组成的，这些带负电的粒子称为**电子**，用 e 表示。

在 1909—1913 年间，美国物理学家密立根通过著名的“油滴实验”精确测定出了电子所带的电荷量。目前公认的电子电荷量为：$e=1.602\ 176\ 634\times10^{-19}$ C。

密立根还发现，**任何带电体的电荷量只能是电子电荷量的整数倍，这一现象被称为电荷的量子化**，进而根据实验测到的比荷及电子电荷量的数值，确定了电子的质量。目前公认的电子的质量为：$m_e=9.109\ 383\ 56\times10^{-31}$ kg。

知识拓展

密立根油滴实验的基本原理是通过测量带电油滴在电场中的平衡状态来计算其电荷量，进而推算出元电荷 e 的值。

实验装置：两块水平放置且距离为 d 的平行金属板、喷雾器、显微镜和电源等（图 7-3）。

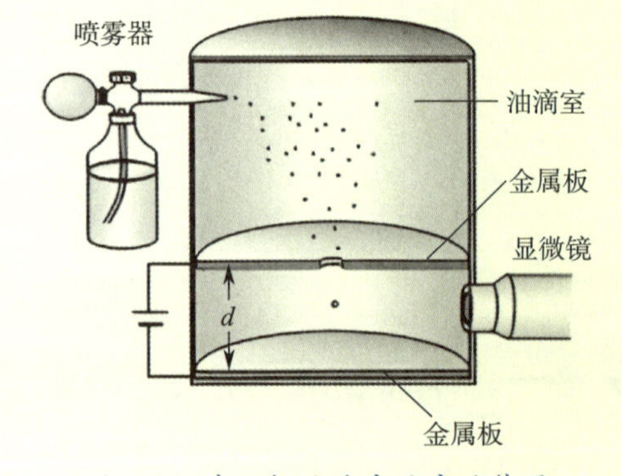

图 7-3　密立根油滴实验实验装置

实验过程：

首先，将开关断开，两极板不带电。质量为 m 的油滴从喷雾器喷出时因摩擦而带电，带电量为 q，可视为球形的带电体。该油滴通过上板上的小孔落到两板之间，在空气中下落时所受空气阻力 f 的大小与它下落速度的大小和半径成正比，即 $f=krv$。在强光照射下，观察者可通过显微镜观察到下落一段时间后的油滴做匀速运动，若此时油滴的速度为 v_0，即有 $mg=krv_0$。

最后，将开关闭合，两板间加上电压 U。下落的油滴在匀强电场中受电场力作用先做减速运动，速度达到 0 m/s 后又向上做加速运动，最终做向上的匀速运动，速度大小仍为 v_0。因此有 $mg+krv_0=qE=q\dfrac{U}{d}$。由此可计算油滴所带的电荷量为 $q=\dfrac{2mgd}{U}$。

二、质子的发现

在汤姆逊发现电子后，1911 年，英国物理学家卢瑟福进行了著名的 α 粒子散射实验。卢瑟福用 α 粒子轰击金箔，实验装置如图 7–4 所示，并在金箔的周围设置了荧光屏和显微镜等设备，用于观察和记录 α 粒子的散射情况。通过实验观察发现：大多数 α 粒子几乎不受阻碍地穿过金箔，极少数 α 粒子发生了大角度的偏转（图 7–5），甚至有的被反弹回来。卢瑟福根据实验结果，大胆推断，原子内部存在一个集中了全部正电荷和几乎全部质量的**原子核**。这个核占据了原子极小的体积，却对 α 粒子产生了强烈的排斥力。

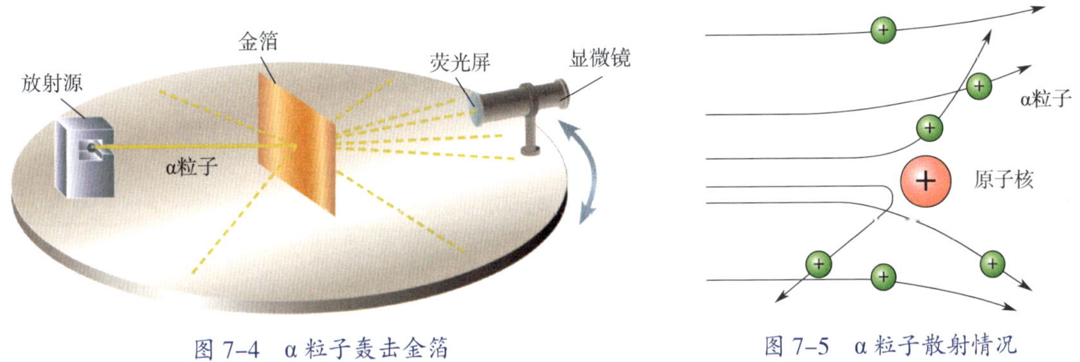

图 7–4　α 粒子轰击金箔　　图 7–5　α 粒子散射情况

1919 年，为了进一步验证这一推断，卢瑟福用镭放射出的 α 粒子轰击氮原子核，成功从氮原子核中打出了一种新的粒子（图 7–6）。这种新粒子被称为**质子**，用符号 p 表示。随后，人们用同样的方法从氟、钠、铝等原子核中也打出了质子，由此断定，质子是原子核的组成部分。

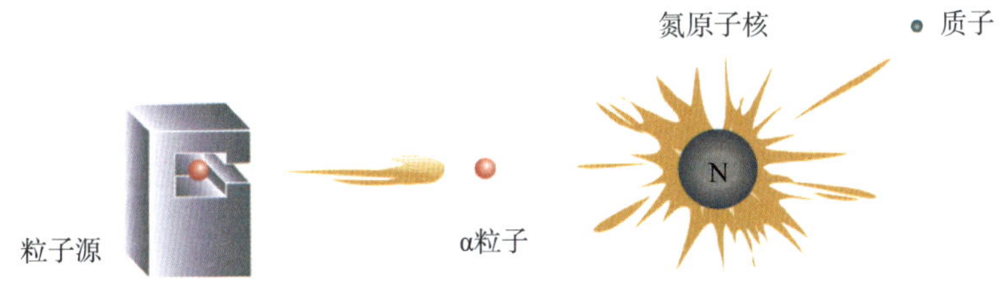

图 7–6　α 粒子轰击氮原子核

质子的质量为：$m_p = 1.672\ 621\ 898 \times 10^{-27}$ kg。

质子质量与电子质量的比值为 1 836。

基于 α 粒子散射实验的结果和质子的发现，卢瑟福提出了原子的

核式结构模型。他认为原子的正电荷和几乎全部质量都集中在原子核上，而带负电的电子在核外空间绕核做高速运动。

三、中子的发现

卢瑟福的原子核式结构模型无法解释原子核包含的全部质量。于是卢瑟福猜想，原子核内可能还存在着另一种粒子，它的质量与质子相同，但是不带电，他将这种粒子命名为中子。

1931 年，居里夫人的女儿和女婿约里奥·居里夫妇用 α 粒子轰击铍，产生一种新的射线。当这种射线照射到石蜡时，质子被打了出来。1932 年，卢瑟福的学生查德威克进一步研究了这种射线。他通过实验发现，这种射线是由具有一定质量的中性粒子组成的，经估算这种粒子的质量几乎与质子相同，从而证实了原子核内存在卢瑟福所预言的“中子”。

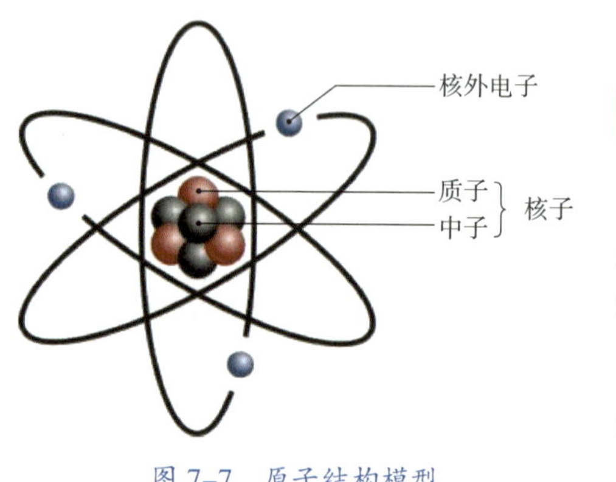

图 7–7　原子结构模型

四、原子结构

从汤姆逊发现电子，到卢瑟福发现质子并提出原子核模型，再到查德威克发现中子，科学家逐步揭示了原子的内部结构：原子是由原子核和核外电子组成；原子核是由质子和中子组成，质子和中子统称为核子。图 7–7 所示为原子结构模型。

思考与讨论

电子绕原子核高速旋转的轨道是任意的吗？有什么规律？请查阅文献讨论。

学以致用

原子结构是决定元素化学性质的核心因素，包括化学键类型、与其他元素反应的能力及反应速率等。通过了解原子结构，可以预测化学反应的方向，优化反应的选择性和效率。

原子结构对材料的物理和化学性质具有决定性影响。例如，通过调整合金中元素的种类和比例，可以改变合金的硬度、韧性、耐腐蚀性等性能，从而满足不同工程的应用需求。

在环境保护和污染治理方面，原子结构的研究也发挥着重要作用。例如，了解污染物的原子结构有助于设计更加有效的污染治理方法。某些污染物可以通过与特定原子或分子发生化学反应而被降解或转化，从而降低其对环境的危害。

在核能领域，了解原子核的结构和性质对于核能的开发和利用至关重要。通过深入研究原子核的裂变和聚变过程，可以设计更安全、高效的核反应堆。

在生物医学领域，原子结构的研究也有着广泛的应用。例如，在药物研发中，通过优化药物分子的原子结构，可以使其更好地与目标受体结合并发挥药效。此外，在生物成像和诊断技术中，利用具有特定原子结构的探针或标记物，可以实现对生物分子的高灵敏度检测，为疾病诊断和治疗提供技术支持。

日新月异

夸克是一种参与强相互作用的基本粒子，也是构成物质的基本单元。夸克之间通过强相互作用结合，形成一种称为强子的复合粒子。强子中最稳定的是质子和中子，它们是构成原子核的基本单元。

1964 年，物理学家盖尔曼和茨威格独立提出了夸克模型。随着更多实验证据的出现，夸克模型逐渐被科学界所接受。目前，关于夸克的物理研究主要集中在寻找不同类型的夸克和粒子、理解夸克的性质以及探索它们之间的相互作用等方面。

夸克具有电荷、质量、色荷和自旋等多种性质。在粒子物理学的标准模型中，夸克是唯一一种同时经历电磁力、万有引力、强相互作用力和弱相互作用力这四种基本相互作用的粒子。

练习与巩固

1. 2023 年诺贝尔物理学奖与阿秒（10^{-18} s）光脉冲的研究成果有关。阿秒光脉冲可用于测量原子内部的电子运动。下列微粒中，带负电的是（　　）。

A. 分子　　B. 原子　　C. 电子　　D. 原子核

2. 原子是由________、________和________构成的，其中________和________共同构成核子。

第二节　核能　核技术

观察与探究

在科幻小说《海底两万里》中，鹦鹉螺号潜艇（图 7-8）的驱动完全依靠电力供给，而电力则由伏特电池堆提供。伏特电池堆的电力来自海底煤矿燃烧所释放的能量。

在现实生活中，潜艇若常年潜行于大洋深处，这艘潜艇可能会使用哪种能源作为动力来源？

图 7-8 《海底两万里》中的鹦鹉螺号潜艇

一、重核裂变

1932 年，查德威克发现了中子。中子作为一种不带电的粒子，具有特殊的性质，它能够深入原子核内部而不受库仑力的影响。因此，科学家们利用中子质量大、不带电的这一特性，通过轰击各种靶物质，进一步探索原子核的内部结构及可能发生的核反应。

1937 年伊雷娜·约里奥·居里和南斯拉夫科学家萨维奇用慢中子轰击铀 -235 核，在生成物中发现了一种半衰期为 3.5 h 的放射性物质。然而，他们并未对此进行深入研究。

知识拓展

半衰期是指放射性元素的原子核在放射过程中有半数发生衰变时所需要的时间。随着放射的不断进行，放射强度按指数曲线下降。原子核的衰变规律是：$N=N_0\left(\frac{1}{2}\right)^{t/T}$。其中：$N_0$ 是指初始时刻（$t=0$）时的原子核数量，t 为衰变时间，T 为半衰期，N 是衰变后剩下的原子核数量。放射性元素衰变的快慢由原子核内部性质决定，与外界的物理和化学状态无关。不同放射性元素半衰期的长短差异很大，短的可能不到一秒，长的可达数百亿年。

1938 年，德国化学家奥托·哈恩和他的助手弗里茨·施特拉斯曼重做了伊雷娜与萨维奇的实验，意外地发现：铀 -235 核会分裂成两个或更多中等规模的原子核，并释放出大量的能量和几个中子。**这种重原子核分裂成两个或更多中等规模原子核的过程，被称为重核裂变。**奥托·哈恩因此被誉为“原子能之父”。

铀 -235 裂变后的产物多种多样，最典型的反应产物是钡和氪，反应方程式如下：

$$^{235}_{92}U + ^{1}_{0}n \rightarrow ^{141}_{56}Ba + ^{92}_{36}Kr + 3^{1}_{0}n + 193.689\ MeV$$

裂变过程中，会释放出巨大能量，生成物的总质量通常比反应前物质的总质量有所减少，这种现象称为质量亏损。这一现象印证了爱因斯坦早在 1905 年提出的质能方程：

$$E = mc^2 \text{ 或 } \Delta E = \Delta mc^2$$

把能量和质量联系起来，用在这里可以很好地解释重核裂变过程中发生质量亏损并伴随巨大能量释放的现象。

约里奥·居里夫妇根据重核中子数占比远高于轻核的自然现象，推论出当一个中子引起铀 -235 核裂变时，会同时释放出 2~3 个中子，如果这些中子再继续引起其他铀 -235 核裂变，裂变反应便可持续不断地进行下去，这种反应称为**链式反应**，如图 7–9 所示。

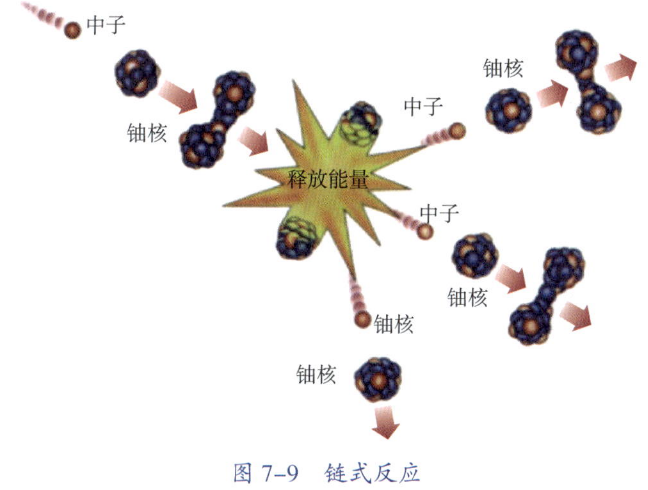

图 7–9　链式反应

图 7-10　中国第一颗原子弹爆炸成功

维持裂变链式反应所需的核燃料或反应堆的最小体积就是**临界体积**。临界体积是核裂变技术中的重要参数。当低于临界体积时，不会发生裂变链式反应，有利于裂变燃料的贮存；当超过临界体积时，则可发生裂变链式反应。

核裂变是一种极其巨大的能量来源。1 kg 铀 -235 完全核裂变释放的能量相当于 2 700 t 煤炭完全燃烧所释放的能量。尽管“小男孩”原子弹核装药利用率还不到 2%，但其释放的能量相当于 500 000 亿 J，约等于 1.5 万 t TNT 当量。因此，核裂变成为一种重要的能源来源，如核电站就是利用核裂变产生的能量来发电的。

1958 年 9 月 27 日，我国第一座重水反应堆和第一台回旋加速器正式建成移交，标志着中国开始迈入原子能时代。1964 年 10 月 16 日 15 时，中国第一颗原子弹爆炸成功（图 7-10），这大大提升了中国在世界中的地位和话语权。1991 年 12 月 15 日，秦山核电站并网发电，结束了中国无核电的历史。

二、轻核聚变

核聚变是指由质量轻的原子（如氢的同位素氘和氚），在超高温和超高压条件下，发生原子核互相聚合，生成较重的原子核（如氦），并释放出巨大能量的核反应过程，如图 7-11 所示。下式是一个氘核和一个氚核聚合生成一个氦核并放出一个中子的核反应方程式：

$$ {}_{1}^{2}H + {}_{1}^{3}H \rightarrow {}_{2}^{4}He + {}_{0}^{1}n + 17.6\ MeV $$

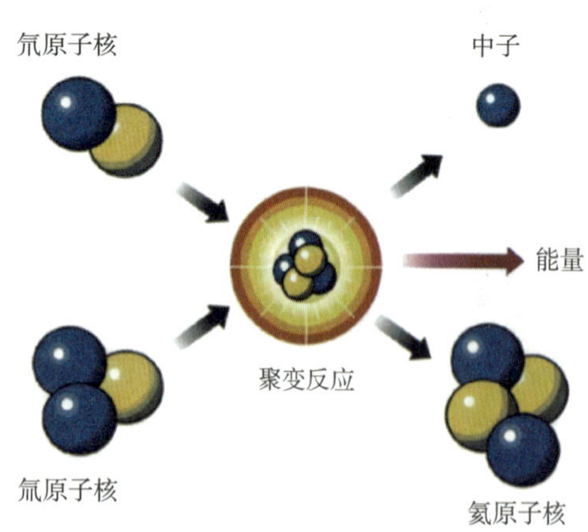

图 7-11　核聚变反应

核聚变发生的条件比核裂变更为苛刻。由于原子核带正电，相互之间存在电磁斥力，因此需要原子核具有极高的动能才能克服巨大的斥力，使彼此接近并发生聚变。极高的温度可以使轻原子核从剧烈的热运动中获得足够的动能，从而引起核聚变反应，因此，核聚变反应也叫**热核反应**。

以氢的同位素氘和氚为例，它们的原子核需要超过 4 000 万℃的高温才能获得足够的动能克服斥力，从而实现核聚变。太阳辐射的能量也主要源于其内部持续进行的热核反应。太阳释放的能量中，只有约二十二亿分之一的能量到达地球，为地球带来了光和热。

在核聚变反应过程中，每个核子释放的能量是核裂变反应的3~4倍。1 kg氘完全聚变释放的能量相当于11 000 t煤炭完全燃烧所释放的能量。

核聚变能是一种清洁能源。与核裂变相比，核聚变几乎不产生放射性污染。此外，在任何时刻都只有极少的氘参与反应，因此无须担忧失控的危险。同时，核聚变的主要燃料之一——氘，在海水中的储量极为丰富，总量约为40万亿t。按照目前的能源需求估算，氘的储量足够人类使用百亿年。因此，通过核聚变反应释放能量，有望彻底解决人类未来的能源问题。

然而，目前人类还没有完全实现受控核聚变。在实际应用中，受控核聚变需要在上亿摄氏度的高温下进行，此时气体原子中的电子和原子核分离，形成等离子体。等离子体中的电子和原子核各自独立高速运动，因此需要有效的约束手段来控制其运动，以维持反应的稳定性。

目前，科学家主要通过两种方式来实现受控核聚变：激光惯性约束，利用高能激光或离子束在极短时间内压缩和加热燃料靶丸，使其达到核聚变条件；磁约束，利用强大的磁场将高温等离子体约束在环形装置中，使其在受控条件下发生核聚变反应。

受控核聚变是一种极具潜力的能源技术，尽管目前仍面临许多技术挑战，但它的成功实现将为人类带来巨大的能源革命。

思考与讨论

同学们，核裂变和核聚变分别有何特点？找找核反应在生产中有哪些应用？

学以致用

1. 核武器

核武器是一种利用核反应释放巨大能量的武器，其原理是基于核裂变或核聚变反应来产生巨大的能量。在核裂变中，重核（如铀、钚等）的原子核在受到中子轰击后，会裂变成两个或更多个较轻的原子核，同时释放出大量的能量。而在核聚变中，较轻的原子核（如氢的同位素氚）在极端高温高压条件下聚合成较重的原子核，同样会释放出巨大的能量。这些能量在极短的时间内释放，产生巨大的破坏。

2. 核能发电

核能发电是利用核反应将核燃料中的能量转化为电能的过程。在核电站中，核反应堆通过受控核裂变反应释放的热能，加热水产生高温高压蒸汽，驱动蒸汽轮机转动，进而带动发电机发电。核能发电具有能量密度高、燃料消耗少、碳排放低等优点。

3. 核动力

核能技术还为其他领域提供了强大的动力支持。例如，在军事领域，许多国家的潜艇和航空母舰采用核动力系统，利用核反应堆产生的能量为舰船提供长时间、大功率的动力，使其具备远航能力和持续作战能力。

日新月异

中国环流三号，是中国自主设计研制的可控核聚变大科学装置，也被称为新一代“**人造太阳**”，如图 7-12 所示。该装置是中国在核聚变研究领域的重要成果，标志着中国在磁约束核聚变技术方面取得了重要进展。

图 7-12　中国环流三号

2023 年 8 月 25 日，中国首次实现了在 100 万 A 等离子体电流下的高约束模式运行。这一成就刷新了中国磁约束核聚变装置的运行纪录，突破了多项关键技术难题，包括：等离子体大电流高约束模式运行控制、大功率加热系统注入耦合、先进偏滤器位形控制等。这一突破标志着中国磁约束核聚变研究向高性能聚变等离子体运行迈出了重要一步，为未来实现可控核聚变奠定了坚实基础。

2023 年 12 月 14 日，在法国卡达拉奇，我国核工业西南物理研究院与国际热核聚变实验堆（ITER）总部签署协议，宣布新一代“人造太阳”——中国环流三号面向全球开放。这一举措旨在邀请全世界科学家共同参与研究，集智攻关，推动核聚变能源技术的发展，共同追逐“人造太阳”能源梦想。

练习与巩固

1. 我国核动力潜艇的相关技术已十分成熟，目前正在加紧研究将大功率核动力用于航空母舰的技术。关于核动力航母说法正确的是（　　）。

A. 航母核反应堆里发生的是化学反应

B. 航母核反应堆里发生的是核聚变

C. 航母核反应堆中发生的链式反应是可以控制的

D. 航母核反应堆产生的核废料对环境没有污染

2. 我国的核电技术已进入世界先进行列。2021 年 5 月 19 日下午，中俄两国核能合作项目——田湾核电站和徐大堡核电站正式开工。下列关于田湾核电站和徐大堡核电站的说法正确的是（　　）。

A. 可以利用各种原子核发电

B. 利用核聚变发电

C. 发电后产生的核废料仍然具有放射性

D. 核能能够全部转化为电能而没有损失

融会贯通

本章主要介绍了原子结构、原子核的组成及核能、核技术两节知识内容。其中原子结构、原子核的组成部分，重点是掌握原子的核式结构模型、原子的组成、原子核的组成。核能、核技术部分，重点是掌握核裂变和核聚变的概念，难点是对核裂变、核聚变反应方程式以及对链式反应、临界体积的概念的理解。

通过本章知识的学习，认知构成物质的最小单元原子是由质子、中子和电子组成的，有助于深入理解微观世界的本质。在了解不同核能技术和应用时，需要对其各自特点进行评估和比较，从而形成独立、客观的判断能力。